BIBLIOTHÈQUE
DES MERVEILLES

PUBLIÉE SOUS LA DIRECTION

DE M. ÉDOUARD CHARTON

LES

MOTEURS ANCIENS ET MODERNES

4002. — PARIS, IMPRIMERIE A. LAHURE

9, rue de Fleurus, 9

BIBLIOTHÈQUE DES MERVEILLES

LES MOTEURS

ANCIENS ET MODERNES

PAR

H. DE GRAFFIGNY

OUVRAGE

ILLUSTRÉ DE 106 GRAVURES DESSINÉES SUR BOIS

PAR L'AUTEUR

8994.

PARIS

LIBRAIRIE HACHETTE ET Cⁱᵉ

79, BOULEVARD SAINT-GERMAIN, 79

1884

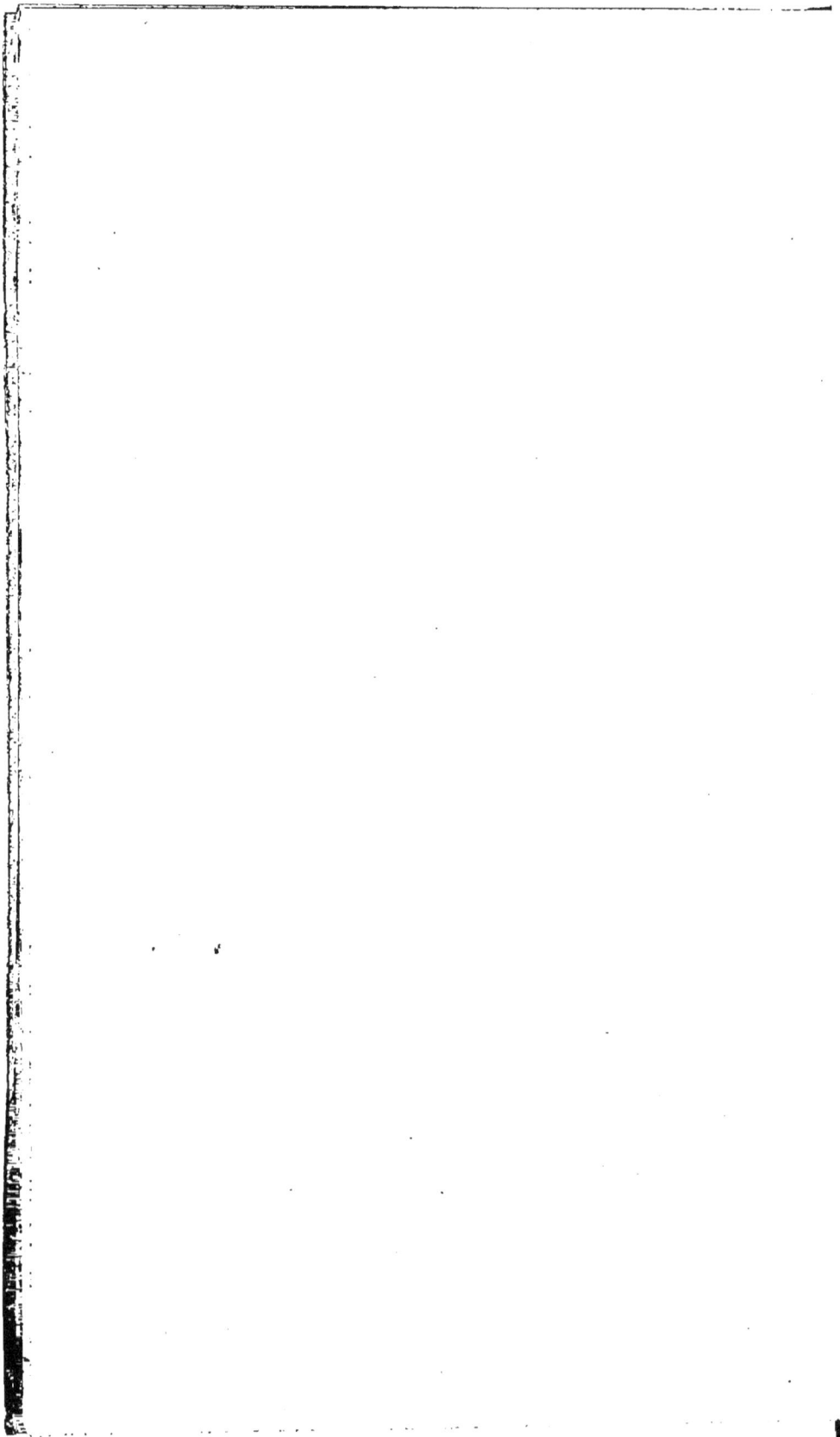

LES MOTEURS

ANCIENS ET MODERNES

AVANT-PROPOS

Moteur, du latin *movere*, mouvoir, se dit en mécanique de tout appareil produisant un mouvement quelconque.

Au mot *machine*, le dictionnaire de Littré donne cette définition : — Instrument propre à communiquer du mouvement ou à saisir et prendre, ou à mettre en jeu quelque agent naturel comme le feu, l'air, l'eau, etc.

Un des collaborateurs de la *Bibliothèque des merveilles*[1] a exprimé plus complètement la même idée en ces termes : « Une machine est un produit de l'intelligence et du travail de l'homme, destiné à suppléer à notre faiblesse, en nous permettant de faire un emploi utile des forces que la nature met à notre disposition. »

L'étude des moteurs et machines que nous offrons au public est divisée en neuf sections ou parties distinctes, comprenant plusieurs divisions et subdivisions.

Voici l'ordre que nous avons suivi :

[1] Les *Machines*, par Édouard Collignon.

1° Les moteurs animés, tirant leur puissance motrice de la chaleur développée par la combustion de leurs aliments dans les poumons et l'appareil circulatoire ;

2° Les moteurs employant la force du vent, ou aériens ;

3° Ceux utilisant l'eau d'une façon quelconque, ou hydrauliques.

4° Les machines accessoires et baromotrices, se basant sur l'effort naturel de la pesanteur ;

5° Les moteurs employant l'air, soit chaud, comprimé, soit par simple pression atmosphérique ;

6° Les moteurs à gaz d'éclairage ;

7° Les moteurs à vapeur ;

8° Les moteurs électriques ;

9° Les moteurs à grande puissance (tels que la machine du Tremblay à vapeurs combinées d'eau et d'éther) ; les moteurs à acide carbonique, et le système à poudre, pour le battage des pieux, etc.

Chacune de ces divisions embrasse une série de machines ne différant que dans le mode d'emploi de la force motrice, ou dans la disposition des organes qui les composent.

Tel est le plan de ce livre, écrit spécialement, non pour les ingénieurs et les gens du métier, mais plus particulièrement pour les personnes qui, n'ayant pas fait d'études spéciales, éprouvent le louable désir de se rendre compte des progrès accomplis par la mécanique et s'intéressent à la construction et à la manœuvre des machines, sujets toujours curieux et trop ignorés, faute de traités vulgarisateurs, comme celui-ci va s'efforcer de l'être.

On pourrait presque dire que nous naissons tous mécaniciens. Il n'est pas d'enfant qui ne se plaise à détruire ses jouets pour découvrir les secrets de leur mécanisme et qui ne tente aussi de construire de petits appareils ou moteurs à son usage, souvent avec une ingéniosité qui étonne. Ce goût, sinon cette vocation, quelquefois persiste à un âge plus avancé; mais quand on veut faire de la mécanique sans s'être pourvu de toute la science nécessaire, on n'arrive presque jamais qu'à des rêveries irréalisables, et plus d'un exemple prouve que, malheureusement on s'expose à perdre ainsi, non seulement ce qu'on peut avoir de fortune, mais aussi sa raison.

CHAPITRE PREMIER

LES MOTEURS ANIMÉS

L'homme. — Les animaux moteurs.

I. L'HOMME

Dans les pays civilisés, l'homme ne sert plus guère de moteur; les machines le remplacent avec avantage. Plus l'homme acquiert de valeur intellectuelle, plus il est difficile et coûteux d'en faire une force motrice simple. Cependant jusqu'ici sa force musculaire est encore d'une grande utilité, et l'on ne pourrait se priver sans préjudice de sa collaboration à beaucoup de travaux accomplis par les machines.

Dans la « construction, » les maçons tournent la manivelle du monte-charges, pour l'élévation des matériaux et des pierres de taille ; ils remplacent par leur effort musculaire, le travail développé par une machine.

Il est à peine nécessaire de rappeler d'autres exemples :

Le tourneur de roue produisant la torsion du chanvre dans les corderies ;

Le bijoutier qui élève, en pressant sur une pédale, le lourd mouton pour estamper les métaux ;

Le carrier (fig. 2) grimpant sur les échelons de la roue pour tirer les pierres du fond des carrières ;

Fig. 1. — Ouvriers au monte-charges.

Le forgeron qui martèle le fer rouge pour en fabriquer divers outils d'agriculture ;

Les terrassiers élevant des déblais en faisant contrepoids sur la plate-forme mobile du treuil ;

Le tourneur qui communique un mouvement de rotation rapide à l'axe du tour, en appuyant le pied sur une pédale oscillante, reliée au volant par une bielle de bois ;

Le rémouleur, faisant tourner rapidement sa meule au moyen d'une pédale montée sur pivot ;

Le meunier montant au moyen d'une moufle ou d'une poulie les sacs de farines au grenier;

Les pompiers eux-mêmes, courant à perdre haleine, tout

Fig. 2. — Le carrier.

en traînant leur pompe et leur lourd matériel, etc., etc.

Dans toutes ces actions, l'homme est plus ou moins ce que l'on appelle un moteur.

Observons-le aussi s'employant aux terrassements, aux petites cultures comme celle du jardinage, au service des barques et des bateaux, etc.

Mais ce n'est pas la force musculaire seulement qui agit dans ces divers travaux. L'homme ne peut pas s'abstenir de penser, de réfléchir, d'inventer, même lorsqu'il ne paraît avoir à dépenser que de la force physique. Aussi un très grand nombre de perfectionnements, constatés dans l'histoire du travail, sont-ils dus à l'initiative de simples ouvriers qui les ont entrevus et proposés tout en accomplissant modestement leur tâche quotidienne. Leur expérience, et l'aspiration naturelle vers le progrès dont nous sommes tous plus ou moins doués, leur ont souvent tenu lieu de science dans une certaine mesure. Leurs observations ont éveillé l'attention d'hommes plus instruits, et la théorie est venue confirmer et établir en méthode et en règle pratique ce qui n'était d'abord qu'une sorte de pressentiment vague ou d'une application incertaine et très limitée.

Il est du reste évident que la destinée de l'homme n'est pas de rendre des services simplement matériels : il lui appartient de se soumettre et de diriger toutes les forces créées par la nature et par l'intelligence.

Quels progrès accomplis depuis les origines de l'histoire! Quelles merveilles que celles dont la science et l'industrie nous donnent chaque jour le spectacle! Et que n'avons-nous pas encore à espérer !

Rappelons maintenant que c'est par les moteurs animés que les hommes ont commencé à alléger leurs labeurs.

II. LES ANIMAUX MOTEURS

Le cheval, le bœuf, l'âne, le chien, l'éléphant, le chameau.

La plus belle conquête de l'homme, ainsi que l'a dit Buffon, a été le cheval, et il serait puéril d'énumérer les services que ce noble animal a rendus, rend et rendra encore. On l'a employé à tout et de toutes les façons, mais d'abord, à porter des fardeaux et l'homme lui-même d'un endroit à un autre ; il a ainsi diminué par sa force et sa vitesse la longueur des espaces et du temps.

Il a dû être attelé de bonne heure à de grossiers chariots, et il est ainsi devenu une bête de trait, la plus utile de toutes et celle dont l'on use encore le plus communément aujourd'hui.

Il a été successivement l'auxiliaire de mille travaux différents.

Il a été dressé par exemple, à tourner le manège qui est le moteur de certains ateliers. La figure 3 représente un cheval faisant agir une scie à ruban dans une manufacture de bois de sciage. Ailleurs, par son poids ou par sa force musculaire, il manœuvre tous les engins et toutes les machines d'un atelier.

A la campagne, il laboure, il tourne le manège qui

manœuvre le moulin de la ferme. A la ville, il traîne le lourd camion chargé de marchandises, l'omnibus, le fiacre, les calèches.

Dans les mines, à travers mille obstacles, une lanterne au col, il traîne les wagonnets chargés de déblais ou de charbon. Partout où il y a un coup de collier à donner, le cheval est là et le donne. Admirable moteur animé !

Le manège est d'un emploi très fréquent, non seu-

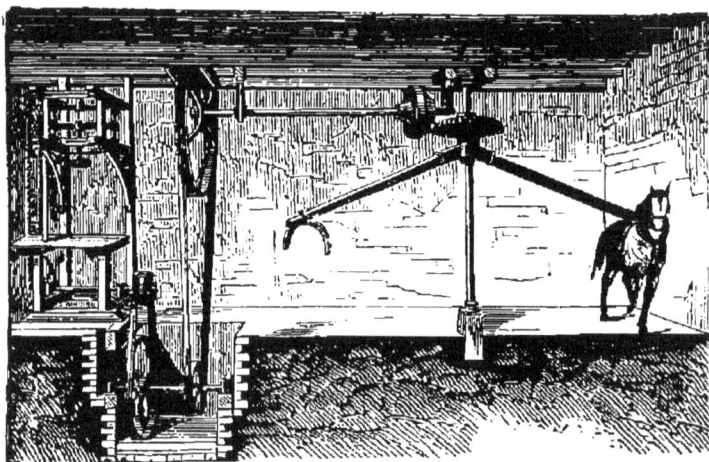

Fig. 5. — Scie à ruban.

lement à la campagne, mais encore dans les villes, chez quelques industriels. Il se compose essentiellement de deux engrenages d'angle, dont le plus grand est dans une position horizontale et le plus petit, le *pignon*, est vertical. L'animal est attaché à l'extrémité d'un bras fixé sur la grande roue dentée, et il marche toujours dans le même cercle. La tige du pignon se continue et communique le mouvement de rotation, considérablement amplifié, aux appareils à faire mouvoir.

A la campagne, c'est ordinairement pour l'épuisement
de l'eau, le moulin, les pompes, qu'on se sert du manège ; dans les petites villes il remplace les autres
moteurs en transmettant le mouvement aux machines à
actionner : scies circulaires ou à ruban, tours à bois, etc.

Il n'y a guère que dans les pays de montagnes que l'on
préfère au cheval l'âne et le mulet, animaux au pied sûr,

Fig. 4. — Le wagonnet.

marchant le long des plus profonds précipices sans bron-
cher ; ce sont les suppléants, les cadets du cheval.

L'animal dont on se sert le plus, après le cheval, est
le bœuf. Il est plus lent, mais aussi plus puissant et plus
robuste. Aucun animal n'est capable de produire un grand
effort plus prolongé, tel que labourer, herser, tourner
le manège, etc.

On s'en servait jadis comme attelage même à des voitures royales. Qui ne se rappelle ces vers :

> Quatre bœufs attelés, d'un pas tranquille et lent,
> Promenaient dans Paris le monarque indolent.

Aujourd'hui on s'en sert peu de cette façon, et c'est surtout l'agriculture qui les utilise, soit pour le labourage, soit pour le transport, après la moisson, du blé et des fourrages, depuis les champs jusqu'aux granges.

Le proverbe italien : *Chi va piano va lontano*. — « Qui va lentement va loin », s'applique bien au bœuf dont l'action motrice fournit une plus grande quantité de travail que le cheval. Mais les machines aussi le remplacent de plus en plus, et il est destiné à servir surtout à l'alimentation.

Dans un certain nombre d'ateliers le chien sert de moteur en courant à l'intérieur d'une roue.

La roue dite de tourneur a environ trois mètres de diamètre. C'est un simple cylindre en bois, d'une largeur de quarante centimètres, muni de huit rayons ou jantes, disposés en croix et prenant leur point d'attache sur chaque cercle extérieur. Dans l'entrecroisement de ces rayons passe l'axe, en fer le plus ordinairement, et supporté par deux *chaises* en fonte boulonnées sur le sol. A l'intérieur du cylindre se trouvent des échelons, larges barres de bois servant de point d'appui à l'animal moteur. Celui-ci en déplaçant le centre de gravité de la roue la fait tourner avec une vitesse de huit à dix tours par minute.

Au moyen d'une poulie et d'une courroie de transmission, le mouvement de rotation peut être communiqué aux appareils à actionner : meules, machine à forger les boulons, pilons, scies, soufflets de forge, etc.

On a même dressé le chien à mouvoir des machines à coudre, en le faisant piétiner continuellement dans l'intérieur d'une boîte, montée sur pivot et reliée par une bielle au volant régulateur.

Il ne sert pas à cela seulement. Dans les pays du

Fig. 5. — Le chien moteur : chien dans une roue.

Nord, les animaux de trait sont les chiens, ainsi que les rennes. L'Esquimau les attelle à son traîneau, et, sous leur rapide impulsion, le léger véhicule glisse comme l'éclair à la surface des *icefields*, champs de glace.

Dans certaines grandes villes, les chiens, accrochés par la corde de leur collier à la voiture à bras, servent à la traction à côté de leur maître.

On a vu une curieuse machine, où la force d'un moteur animé mettait en mouvement une scie circulaire microscopique. Cette force était celle d'un petit écureuil, tournant dans sa cage comme le chien dans sa roue; il communiquait une assez grande vitesse à la

Fig. 6. — Éléphant dans l'Inde.

scie; mais ce n'était là qu'un amusement mécanique et non l'emploi sérieux de la force si faible de ce petit moteur animé.

Non content d'avoir asservi le cheval, le bœuf et le chien, l'homme a aussi domestiqué le plus gigantesque des animaux; l'éléphant est encore aujourd'hui le moyen

Fig. 7. — Chien attelé.

de locomotion le plus employé dans l'Inde ainsi que dans d'autres parties de l'Asie, et l'on songe même à l'appliquer en Europe à nombre d'usages et d'exercices tout différents de ceux auxquels les habituent les dompteurs et les acrobates[1].

Le chameau est employé comme locomoteur pour les transports dans les déserts brûlants de l'Afrique; le lama dans les Cordillères, le mulet et l'âne dans les Pyrénées, le buffle dans la campagne romaine.

On peut dire, en résumé, qu'il n'est presqu'aucun animal auquel l'homme ne puisse faire sentir le poids de sa supériorité morale en l'employant, autant que possible, à ses travaux journaliers, de la façon la plus conforme à son organisation et à ses moyens, se déchargeant par là de la plus pénible et la plus lourde partie de sa tâche.

---

[1] M. Maret Leriche, architecte, ayant démontré que la force d'un éléphant est égale à celle de vingt chevaux, a proposé d'utiliser cet animal à la traction des tombereaux de déblais pour les fouilles de construction

CHAPITRE II

LES MOTEURS A VENT

Les Moulins. — Les Véhicules à voiles

I. LES MOULINS

Le vent, par son action, facilite l'évaporation des eaux, entraîne les nuages et équilibre les forces physiques toujours en jeu sur notre planète.

L'atmosphère, dans laquelle le vent prend naissance, est rarement en repos; son état naturel et ordinaire est plutôt l'agitation, aussi, dès les temps les plus reculés, on a su tirer parti de ce mouvement perpétuel, en opposant aux vent des surfaces qu'il met en mouvement par sa pression, les faisant tourner, ou les entraînant avec lui.

Il y a deux sortes d'appareils affectés à faire servir le vent comme force motrice, les voiles et les roues à palettes, à ailes ou en hélices.

Les voiles sont le système le plus ancien et le plus simple.

Le type de ce genre de moteurs le plus connu est le moulin à vent.

Dans le moulin, le vent appuie sur les ailes, au

Fig. 8. — Intérieur d'un moulin à vent.

nombre de quatre ordinairement, et les fait tourner avec une vitesse de rotation en rapport avec sa vitesse propre, 6, 8, 10 ou 12 tours à la minute.

Ces ailes sont formées d'une sorte de treillis de bois, et prennent leur point d'attache sur l'axe mobile; elles sont légèrement courbées dans le sens du vent, de manière à lui présenter une surface oblique, une fraction d'hélice.

D'après la force du courant d'air, le meunier règle la vitesse de rotation de son moulin, en étendant ou en retirant une partie de la toile qui les couvre. On opère une manœuvre analogue dans la marine, en diminuant la voilure, en prenant des *ris*. Cette toile est indispensable, on le comprend bien ; sans elle le vent passerait à travers les interstices du treillage, et l'aile, par conséquent le mécanisme, resterait immobile.

Par le jeu de deux engrenages d'angle : le *rouet* et la *lanterne,* le mouvement des ailes se transmet aux meules et au blutoir, comme il est indiqué dans le dessin en coupe. Dans ce système le toit seul du moulin est mobile et le rouet, malgré son mouvement de rotation, ne cesse pas d'engrener avec la lanterne. Au moyen de la *queue,* le meunier fait tourner le toit, et en même temps l'arbre, car il faut que les ailes se présentent toujours de face au vent. Autrement, si le vent était trop violent et si les ailes étaient mal orientées, le meunier verrait le toit de son moulin précipité à terre par la force de la bourrasque.

On a diversement articulé le système alaire des moulins ; tantôt le moulin tout entier pivote sur lui-même, tantôt c'est le toit seul qui tourne.

La construction des moulins varie elle-même considérablement. Il y en a dont le corps, sauf le toit, est en pierre de taille ou en moellons et cimentés. Ce sont les plus solides et ceux qui résistent le mieux. Ordinairement ils sont formés de feuillures de bois (fig. 8 et 9).

Pour arrêter le mouvement de rotation des ailes, lorsqu'elles sont en face du vent, avec une chaîne placée

près de la queue, on déclanche le *frein* qui n'est autre
chose qu'un cercle de bois solide entourant le *rouet*
de toutes parts et maintenu en place par deux larges
madriers. Quand on agit sur le frein, ce cercle enserre
la circonférence extérieure du rouet, et par son énergique pression l'immobilise. En faisant pivoter le ma-

Fig. 9. — Coupe d'un moulin à vent système ordinaire ; A meules,
B rouet, C Lanterne, D queue, E frein, F ailes.

drier, le cercle se desserre, et le mécanisme se remet en
marche. Le réglage du moulin s'obtient d'après la surface de toile déroulée et la violence du vent. Par des
temps ordinaires, un moulin avec des ailes de six mètres
d'envergure dépense une force de cinq à six chevaux-
vapeur.

Dans les moulins de ce système, une seule meule

tourne, la seconde est fixe. Le grain tombant de la trémie, s'engage dans l'interstice des deux meules, et, une fois moulu, descend au rez-de-chaussée où se trouve le blutoir, sorte de crible qui sépare les gruaux, les différentes qualités de farine et le son. Les procédés de mouture ont subi de notables améliorations depuis Pigeault de Senlis, au seizième siècle.

On assure que l'idée du moulin à vent fut rapportée d'Orient par les Croisés vers l'an 1050. C'est de cette époque que daterait son importation dans les plaines si bien aérées du nord de la France. On s'en sert encore, mais de moins en moins : on le remplace maintenant par les minoteries à vapeur.

Dans les pays arrosés de nombreux cours d'eau, on préfère les moulins à eau, marchant au moyen de roues hydrauliques ou de turbines.

Quant aux moulins se réglant d'eux-mêmes, leur usage commence seulement à se généraliser.

Nous en connaissons plusieurs systèmes, notamment ceux de MM. Amédée Durand, Beaume, Aubry et Cie, etc.

Le premier, celui de M. Durand, est à quatre ailes comme les moulins ordinaires. Son perfectionnement consiste dans la disposition du frein et du pivot, résistant aux vents violents et tournant lorsque celui-ci faiblit.

Le premier type de moulin automoteur construit par M. Beaume est à six ailes pleines, montées sur un arbre en fer. Cet arbre est supporté par deux paliers, et les coudes se trouvent entre les branches de la fourche formée par les deux supports qui, un peu au-dessous. se rejoignent pour adopter la forme cylindrique. A l'extrémité de l'arbre opposée aux ailes, se trouve une masse de métal, faisant contrepoids à ces dernières.

D'après le côté d'où vient le vent, l'axe vertical, la fourche, tourne, et les ailes se trouvent toujours en face du courant aérien, de façon à éviter les ruptures et aussi l'intervention de l'homme. Ajoutons que tout l'appareil est monté sur quatre hautes sapines, à la moitié de la hauteur desquelles est établie une plate-forme, munie d'un garde-fou et d'où part une échelle arrivant à la partie supérieure de l'édifice où est installé l'appareil.

Le second moulin automoteur construit par le même mécanicien, et appelé par lui moulin l'*Éclipse* (voir fig. 9), est très simple. Il se compose des pièces suivantes :

1° De la roue motrice ; 2° de la pièce appelée bras, supportant ladite roue ; 3° d'un plateau excentrique communiquant le mouvement au moyen d'une bielle ; 4° d'une girouette d'orientation ; 5° d'une pièce supportant le mécanisme, fixée sur un tube en fer creux, traversant un manchon et pouvant tourner en tous sens ; 6° d'une aile latérale régulatrice ; 7° enfin, de deux secteurs dentés sur l'un desquels sont fixés le levier de désorientation, et le contrepoids (voir fig. 13).

La roue motrice, de forme circulaire, placée verticalement, est composée d'une armature légère en bois de frêne, sur laquelle sont fixées des lames de sapin allant dans leur longueur du centre aux extrémités, point où elles sont un peu plus larges et sont dans le sens de leur largeur placées obliquement, un peu comme des lames de persiennes, se recouvrant toutes, tout en laissant du jour entre elles, de sorte que, de face, cette roue paraît pleine.

Quand le vent est relativement faible, c'est sur la
face qu'il vient frapper. Dès qu'il grandit, sa seule

Fig. 10. — Moulin automoteur l'*Éclipse*.

force fait placer la roue transversalement. A mesure
que le vent augmente de force, la roue oblique à gau-

che, et s'il vient à souffler en tempête, elle s'incline jusqu'à venir présenter sa tranche. Dans cette position, la force atmosphérique ne rencontre naturellement qu'une surface presque nulle. Cette position est gardée tant que dure la bourrasque.

Le vent vient-il à faiblir? Selon le degré de force qui lui reste le contrepoids ramène tout ou partie de la roue au vent.

Vient-il une saute de vent, incident tant redouté des constructeurs de moulins? Aussitôt la roue présente sa tranche pour revenir ensuite aussitôt que la force sera moindre, ramenée qu'elle est par le contrepoids.

Quand la roue présente sa tranche, elle ne tourne plus, tant qu'elle est maintenue dans cette position.

La girouette d'orientation, étant indépendante, a reçu pour fonction de toujours *amener* au vent, laissant à l'aile latérale le soin de sa fonction, laquelle consiste à garer la roue motrice, ce qui, suivant le besoin, *est fait instantanément et toujours automatiquement par la mise en jeu des secteurs dentés.*

N'a-t-on plus besoin de son travail, veut-on, pour une simple visite, le graissage ou une réparation, obtenir l'arrêt complet? Une tringle composée d'un gros fil de fer permet d'obtenir de la terre toutes les positions indiquées ci-dessus jusqu'à l'arrêt en plaçant la roue dans le sens longitudinal de la girouette d'orientation.

La rotation de l'axe est ordinairement mise à profit au moyen d'une bielle, qui peut, à la rigueur, faire mouvoir une pompe dans un puits de 60 mètres de profondeur.

Le second système diffère légèrement du premier. Ce

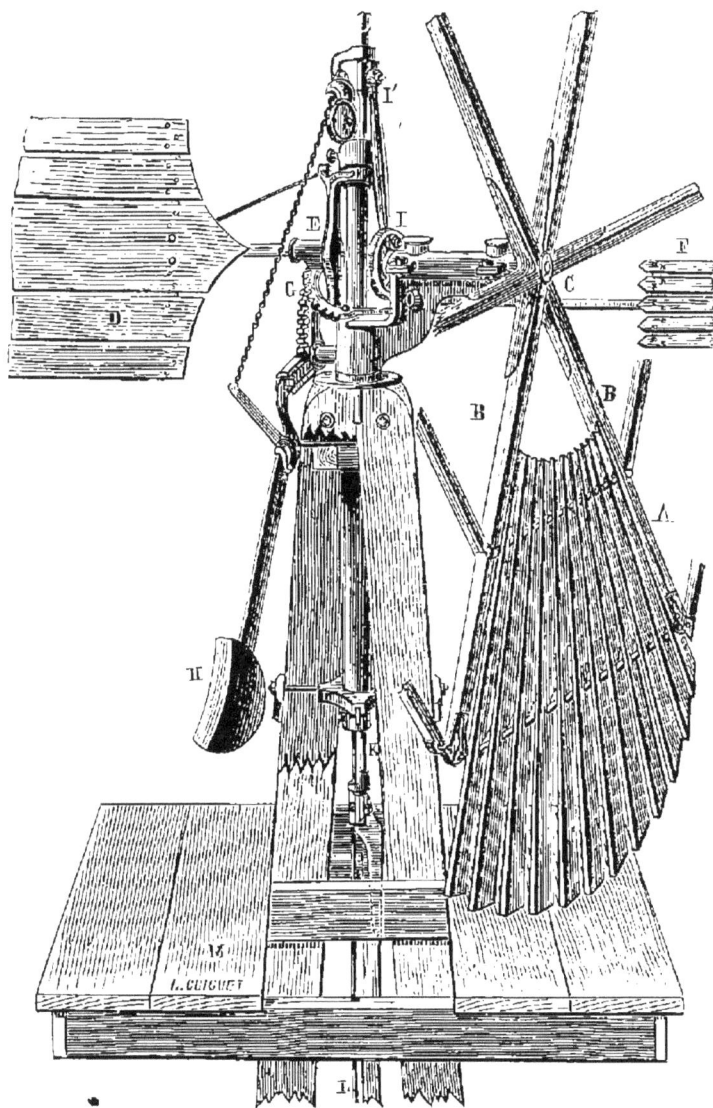

Fig. 11. — Détail du moulin l'*Éclipse*.

A roue. — B bras. — C arbre. — D girouette. — E pivot. — F vanne. — G secteurs dentés. — H contrepoids. — I bras de l'excentrique. — K tige-bielle. — L manchon. — M plate-forme.

moulin possède une grande surface de toile placée à l'arrière, servant à la fois de gouvernail, de girouette et de contrepoids. Lorsque le vent est trop violent, les ailes qui sont montées sur pivot tournent sur leur axe et, ne présentant que leur tranche, le moulin reste alors immobile, ce qui évite la rupture des diverses pièces de l'appareil.

On a pu voir fonctionner des spécimens de ces appa-

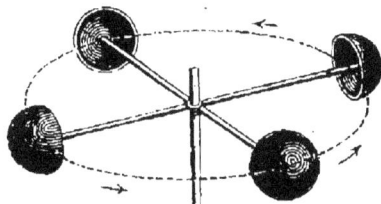

Fig. 12. — Anémomètre.

reils à l'Exposition universelle de 1878, et à l'Exposition de 1879 au Palais de l'Industrie.

Ces moulins automatiques sont, avec le pantanémore ou anémomètre, les appareils les plus répandus maintenant.

L'anémomètre sert à mesurer la vitesse du vent. Il se compose d'un axe et de quatre croisillons. A l'extrémité de chaque croisillon est fixée une demi-sphère, à la fois concave et convexe, comme la moitié d'une écorce d'orange. Lorsque le vent frappe dans l'intérieur de la sphère il l'entraîne avec lui et, les effets se succédant sans interruption, engendrent un mouvement circulaire continu.

On déduit facilement la vitesse du courant d'air en observant le nombre de tours faits en une minute par le croisillon, opération très simple et qui évite *l'anémomé-*

trographe enregistreur de M. Redier. Avec la girouette
et la boussole on possède immédiatement sa direction.
Cet appareil se trouve dans tous les observatoires et dans
les stations météorologiques. On construit même de
petits anémomètres de voyages dont les ailes sont verticales, pour l'usage des touristes qui s'occupent de
science.

Quant aux moulins automoteurs qui suppriment l'intervention du meunier pour leur orientation — ce qui
était indispensable dans le système primitif — on les
applique à l'élévation des eaux principalement, ainsi que
comme moteurs des moulins à blé, à huile, des foulons
pour la laine, le feutre, etc., enfin pour la marche de
toute machine pouvant utiliser sans inconvénient une
force aussi inconstante et aussi capricieuse que le vent.

II. LES VÉHICULES A VOILES

Les voiles des navires sont de grandes surfaces de toile, sur lesquelles le vent vient frapper et qu'il entraîne avec tout le bâti auquel elles sont attachées.

Nous n'entreprendrons pas de décrire ici les moyens

Fig. 13. — Voilier.

de naviguer dans les différents sens, vent arrière, vent contraire ou devant, vent de côté, grand largue, etc. A

cet égard, le lecteur voudra bien se reporter au livre
si complet, publié sur ce sujet dans cette collection[1];
il y trouvera tous les renseignements nécessaires. Nous
nous bornerons à quelques indications les divers usages
des voiles.

Tous les navires qui parcourent la surface des mers,
quoique munis pour la plupart de machines à vapeur

Fig. 14. — Brouette à voile.

puissantes, ont des mâts et des voiles qui leur permettent de profiter d'un courant d'air favorable, en
ménageant par là leur réserve de combustible.

D'autres bâtiments appelés voiliers ne marchent
absolument qu'avec leurs voiles. Ils ont à craindre les
calmes plats, qui les réduisent forcément à l'immobilité.
Aussi, préfère-t-on maintenant se servir d'un moteur

1. *L'art naval*, de M. Renard.

sur lequel on puisse compter, plutôt que sur le vent, force bien aléatoire.

Les voiles ont été aussi appliquées à la locomotion terrestre. Ainsi, en Chine, les brouettes à voile sont fort communes. Le coureur, pieds nus. tient les bran-

Fig. 15. — Vélocipède à voile.

cards, et court avec la vitesse du vent, métaphore vraie ici. Ces coureurs peuvent parcourir des espaces considérables, quand le vent est bon et qu'il souffle dans la direction qu'ils suivent. Dans ce cas, le vent est plutôt la force motrice qui fait progresser le véhicule, que l'homme qui tient les brancards (fig. 14).

3

On a aussi adapté des voiles aux vélocipèdes (fig. 15), pour faciliter la tâche du véloceman et diminuer sa fatigue, en même temps que pour doubler la vitesse de la légère machine.

Sur un terrain plat, par un bon vent, un vélocipède muni d'une petite voile a parcouru trois kilomètres sans que les pieds touchassent les pédales, et sa vitesse était environ de vingt-cinq à trente kilomètres à l'heure.

On a construit aussi des voitures et des traîneaux à voiles, employés aujourd'hui encore, en Hollande, en Russie, et en général dans les pays du Nord.

Le premier de ces appareils dont l'histoire ait conservé le souvenir, est le chariot à voiles du prince d'Orange, qui parcourut, sous la seule action du vent, les plages de Scheveningen.

La gravure ci-contre (fig. 16) représente un de ces véhicules, dont on se sert pour le transport des voyageurs, entre Saint-Pétersbourg et Cronstadt. Par un fort vent, elles peuvent franchir jusqu'à cinquante kilomètres à l'heure, ce qui n'est pas à dédaigner.

Les manœuvres s'exécutent, comme pour un voilier, par le changement d'orientation des voiles, et au moyen de la roue mobile à l'avant.

Les traîneaux à voile ou *ice-boat* possèdent, en outre de leur grande voile, un petit foc triangulaire. Ils se dirigent au moyen d'un gouvernail, d'une construction particulière, placé à l'avant. Il consiste en deux longues lames de fer, se rejoignant de manière à former un angle aigu. Quand la bissectrice de cet angle se trouve dans le prolongement de l'axe du traîneau, celui-ci suit une direction fixe. Lorsqu'on veut aller à droite ou à gauche, il suffit d'incliner, dans l'un ou l'autre de ces sens, le gouvernail qui se manœuvre de l'intérieur au moyen d'un simple levier. Ce gouvernail donne une grande stabilité au *ice-boat*, quoique celui-ci, monté sur de larges madriers formant patins, soit peu chavirable. Quelques traîneaux à voiles, enfin, possèdent

Fig. 16. — Voiture à voiles.

deux de ces gouvernails; l'un à l'avant et l'autre à l'arrière.

On a essayé en France les voitures à voiles comme moyens de locomotion; mais les premières expériences n'ont pas réussi, soit que les manœuvriers manquassent de pratique et d'habitude, soit qu'il fût trop difficile d'arrêter assez court le chariot une fois lancé. On se

souvient du traîneau à voile du *Tour du monde en
80 jours*, de M. Jules Verne. Comme on vient de le
voir, le spirituel auteur n'a pas été chercher une idée
fantaisiste. Ce qu'il a décrit existe; c'est une invention
réelle.

Parmi les plus curieuses applications de cette force
motrice, nous signalerons celle d'une grande distillerie
du Pas-de-Calais dont le moteur se trouve être un moulin à vent système Aubry. A moins d'absence totale de
vent, ce moulin tourne constamment, développant une
énergie de 1/2 cheval-vapeur à six chevaux, d'après la
force du vent, résultat magnifique, comparativement au
volume de l'appareil et au prix de la force motrice ainsi
obtenue

Parmi les avantages que l'on peut retirer de l'utilisation du vent comme force motrice, il faut noter que l'appareil seul coûte et, son installation une fois accomplie,
la puissance obtenue est absolument gratuite et cela
pendant un temps indéterminé, car la construction des
moulins à vent automoteurs est particulièrement soignée pour résister aux brusques secousses des coups de
vent inattendus.

Il est donc de tout intérêt, pour les industriels dont
l'usine, l'atelier, la manufacture, se trouve dans un
lieu aéré, d'établir sur le sommet de leur établissement
un moulin à vent automoteur, dont la marche est à
peu près continue pendant les trois quarts de l'année.
Une petite machine à vapeur remédie aux arrêts mo-
mentanés.

Quel est le réltsuat obtenu ? C'est que, pendant les
trois quarts du temps, l'industriel, l'usinier, aura éco-
nomisé son combustible.

Il est bien entendu qu'il ne s'agit ici que des moulins automoteurs, les moulins ordinaires réclamant à tout instant le secours d'un ouvrier pour leur réglage, ne pouvant être mis en parallèle avec les systèmes de MM. Beaume, Aubry et Cie.

CHAPITRE III

LES MOTEURS HYDRAULIQUES

Les Roues. — Les turbines. — Les moulins à marée. —
Le moteur Dufort.

I. LES ROUES

Cette partie de notre étude a déjà été traitée dans
plusieurs volumes de la collection des merveilles, et de
la manière la plus complète[1]. Il suffira donc de passer
brièvement une revue des appareils mus par l'eau,
sans entrer dans beaucoup de détails.

L'hydraulique avait fait peu de progrès avant Archi-
mède ; ce grand homme découvrit le principe de la
pression des liquides sur les corps qui y sont plongés,
et il inventa la vis qui porte son nom. Cette science
s'accrut bientôt des découvertes de Ctésibius et de son
disciple Héron, mathématiciens d'Alexandrie, qui inven-

[1] *L'hydraulique* de A. Marzy, les *Machines* de E. Collignon.

tèrent, le premier, la pompe aspirante et foulante et le clepsydre ; le second, le siphon et la fontaine de compression, dite de Héron.

La première application de la pesanteur de l'eau, comme force motrice, c'est-à-dire les moulins à eau, fut importée d'Asie Mineure à Rome, du temps de César, et

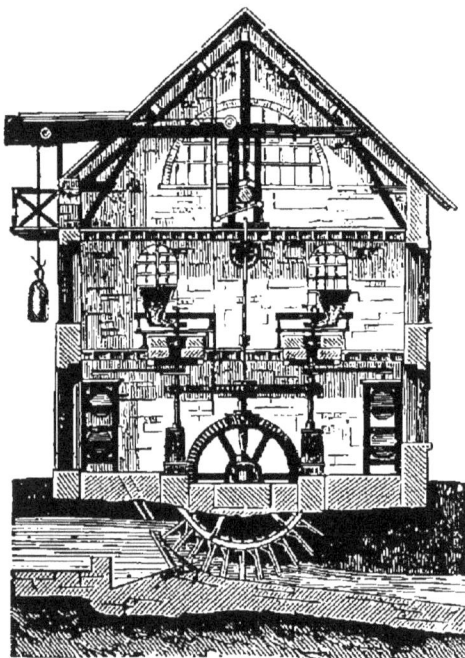

Fig. 17. — Moulin à eau.

passa en France du quatrième au sixième siècle. Enfin, de nos jours, par leurs longs travaux, Galilée, Torricelli, Bernouilli, Maclaurin, Euler, Fourneyron, ont achevé de fonder l'hydraulique moderne.

Le premier appareil inventé dans le but d'utiliser la force du courant des rivières et ruisseaux fut la roue hydraulique. Les premières construites étaient fort simples. C'était de véritables *roues à palettes* planes comme celles des bateaux à vapeur. Elles sont fréquemment employées à la campagne, au bord des cours d'eau. Les roues hydrauliques sont de plusieurs systèmes, dont la construction diffère, d'après le côté d'où arrive le liquide moteur.

La plus commune est celle dans laquelle l'eau arrive par dessous, et tombe sur les palettes qu'elle fait avancer. Elle est dite roue en dessous à palettes planes.

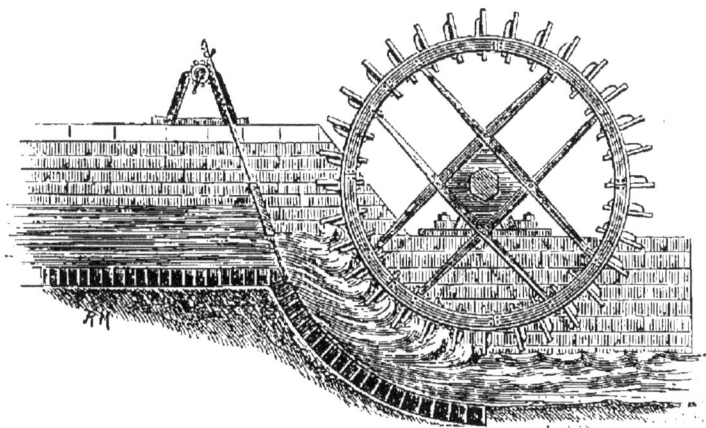

Fig. 18. — Roue hydraulique à coursier circulaire.

Il y a aussi la roue de côté, la roue à augets, la roue à lames, la roue de dessus, dans laquelle l'eau arrive par dessus et tombe dans les augets; et la roue Poncelet (fig. 19) dans laquelle l'eau vient en dessous et agit sur des pales courbes.

Les roues hydrauliques sont dites à coursier vertical, lorsque la vanne qui règle la quantité d'eau tombée est disposée perpendiculairement; à coursier circulaire (fig. 18), lorsque le lit de la rivière suit la courbe de la

roue, et à coursier horizontal ou oblique quand l'eau
coule sur un fond horizontal ou oblique. D'ailleurs, à
qui voudrait voir des roues hydrauliques de tous systèmes, en nature, la galerie des machines du Conservatoire des arts et métiers offre des spécimens de gran-
deur naturelle et de tous les systèmes, fonctionnant
naturellement et agissant sur divers appareils. Pour parer

Fig. 19. — Roue Poncelet à palettes courbes.

aux pertes de mouvement causées par le choc de l'eau,
on se sert d'une machine à vapeur.

Le réglage de tous les types de roues hydrauliques
s'obtient avec une vanne, dont la tige à crémaillère engrène avec une roue dentée, sur l'arbre de laquelle est
fixée une roue à main afin de rendre la manœuvre
plus facile.

Les avantages des roues hydrauliques sur les autres
systèmes sont leur construction de la plus grande sim-

plicité, et surtout leur prix minime. Ces avantages sont compensés dans un sens défavorable, il est vrai, par leur peu de vitesse, les pertes de force qu'elles occasionnent (50 p. 100 de la force de l'eau). Malgré ces défauts on les trouve encore aussi communément qu'autrefois dans les campagnes, et toutes les usines et manufactures du midi et de l'est de la France en sont encore pourvues.

Quelques-unes de ces roues (surtout quand le courant de la rivière dans lequel elles sont plongées, est assez rapide) atteignent un diamètre considérable, sept ou huit mètres. Alors l'axe, l'arbre de couche, au lieu d'être cylindrique, est polyédrique et sa section est hexagonale, octogonale quelquefois. Il est en bois, rarement d'un seul morceau et le plus souvent assemblé suivant une méthode spéciale et dite à queue d'hironde. Il est bien entendu que ce ne sont que dans les roues communes, construites seulement en bois, que les arbres sont ainsi ajustés. Dans la roue Poncelet, les bras sont en fonte, l'arbre en acier et les palettes en tôle; les paliers sont en fonte et les coussinets en bronze; mais dans les roues hydrauliques de grand diamètre, tout est en bois, cercle, bras, palettes, arbre, paliers, etc. On se borne à graisser ces derniers de temps à autre. On comprendra donc facilement que le rendement de travail de tels appareils soit forcément très faible. C'est pourquoi il est préférable dans tous les cas de les remplacer par d'autres moteurs.

II. LES TURBINES

Il existe de nombreuses sortes d'appareils hydrauliques, notamment les turbines, le moteur Dufort, le
bélier hydraulique, et un appareil utilisant la force
intermittente des marées.

Le bélier a été inventé en 1797 par MM. de Mont-
golfier, célèbres par une autre découverte — celle des
aérostats, qui portent leur nom. — Il sert à élever l'eau
d'une rivière à une certaine hauteur par la force même
du courant.

La machine à colonne d'eau, et la machine d'Huelgoat
sont deux autres systèmes à peu près analogues, et
encore employés aujourd'hui, surtout dans les ports
de mer.

Un ingénieur, M. Girard, a exposé, en 1852, le plan
d'un propulseur hydraulique, dans lequel, les wagons,
munis d'aubes par dessous, seraient poussés par des
masses d'eau provenant des réservoirs situés à 80 mètres
au-dessus du sol.

Deux ingénieurs rouennais proposèrent à un certain
moment un système mixte de l'emploi du vent et de
l'eau. Leur appareil était un moulin à vent, dont le
mouvement de rotation des ailes était mis à profit pour
faire mouvoir les pistons d'une pompe élévatoire.

Quand le courant d'air s'arrêtait, la masse d'eau élevée dans un vaste réservoir au-dessus du sol, retombait sur les ailettes d'une roue hydraulique et, par sa pesanteur, la faisait tourner. En procédant ainsi, ces ingénieurs espéraient compenser sans aucune dépense les arrêts du moulin, mais, à bien réfléchir, il fallait convenir que le réservoir supérieur fût-il plein jusqu'aux bords, jamais la masse d'eau élevée n'aurait été suffisante pour faire marcher, pendant un certain espace de temps, la roue hydraulique, car cet appareil consomme une grande quantité de fluide. Ces ingénieurs revenaient, sans s'en douter, au problème dont la solution impossible est depuis si longtemps cherchée : faire mouvoir par la roue hydraulique, une pompe qui élèverait à mesure de sa chute l'eau motrice qui vient de tomber, de manière à ce que celle-ci tourne indéfiniment. Les pertes, les frottements, mille causes diverses, s'opposent à la réalisation de cette idée, car, par ses mouvements successifs, l'eau élevée ne se trouve être que les 40/100 de la quantité totale. Si le rendement de la pompe était égal aux pertes de la roue, le problème du mouvement perpétuel serait résolu.

M. Armstrong utilise autrement la force, la pesanteur de l'eau. Une machine à vapeur travaille sans cesse, et élève l'eau dans un immense récepteur placé à une certaine hauteur. Un compresseur pesant appuie sur la surface du liquide et contribue à lui donner plus de force.

Lorsque l'on veut faire manœuvrer, soit ensemble, soit séparément les appareils du port de la gare : grues, vérins, plaques tournantes, etc., on ouvre un robinet, et c'est l'eau, fortement pressée, qui sert de fluide moteur.

On se demandera pourquoi on n'emploie pas directement la force de la locomobile; après réflexion on le comprendra facilement. En effet, la machine étant de faible puissance, ne pourrait, sans de graves inconvénients, faire un tel effort. Tandis qu'en procédant de cette façon, elle marche sans jamais faire d'excès et, lorsqu'il y a « un coup de collier à donner », l'eau compressée dans le réservoir le donne sans aucune peine. C'est ainsi que s'explique l'action de la machine à vapeur élevant l'eau, au lieu de faire manœuvrer directement les appareils.

Le système de M. Armstrong a été appliqué dans plusieurs ports de France, et avec le plus grand succès.

Passons maintenant à la turbine :

Cet appareil se compose essentiellement d'une roue horizontale, tournant sous l'eau, et mise en mouvement par le courant d'une rivière.

Les turbines l'emportent de beaucoup sur les roues hydrauliques; elles sont préférables à ces dernières à cause de la vitesse de leur rotation par l'avantage qu'elles ont d'utiliser la plus grande partie de la force de l'eau (environ 95 pour 100), de diminuer considérablement les engrenages et de pouvoir continuer leur travail pendant les grandes eaux et les fortes gelées.

L'invention des turbines remonte déjà à un certain temps. Les premières étaient connues dès le milieu du siècle dernier, mais c'est seulement de nos jours qu'elles ont reçu tous leurs perfectionnements et une application vraiment pratique. Celles dont on se sert actuellement sont ordinairement des cuves en fonte

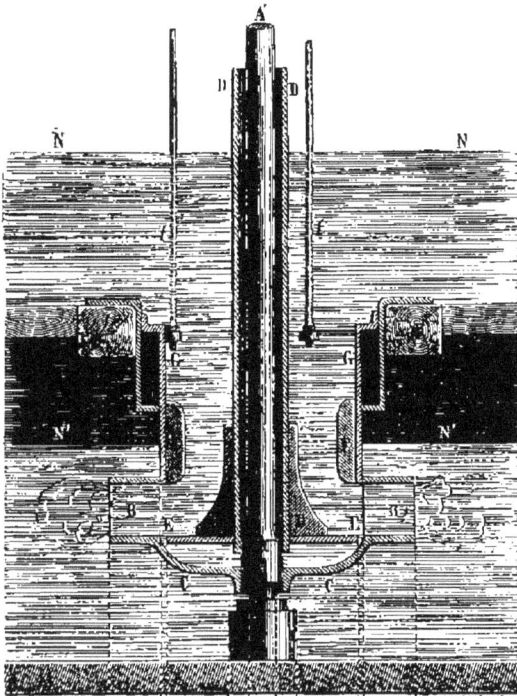

Fig. 20. — Turbine système Fourneyron

arbre. — *D* tuyau porte-fond. — *B* couronne mobile portant des aubes. — *a* et *b* aubes. — *C* couvercle de la turbine. — *E* fond fixe découpé par les aubes. — *m*, *n* aubes mobiles. — *G* cylindre d'amenée du fluide moteur. — *FF'* vannes pour régler la dépense d'eau. — *t*, *t'* tiges de conduite et de réglage des vannes. — *N*, *N* niveau de l'eau amont et aval.

ou en bois de chêne cerclé, ayant la forme d'un cône tronqué et renversé, au fond desquelles sont placées des roues à aubes ou à hélice, qui tournent horizontalement. L'eau entre dans la cuve suivant une direction inclinée à l'axe de la turbine qui porte la roue tournante.

Les turbines le plus communément employées sont celles de MM. Fourneyron (fig. 20), Euler, Jonval, Burdin, Fontaine et Girard. C'est en imitant les *roues horizontales*, employées depuis longtemps dans le midi de la France, comme moteurs des moulins à eau, que M. Fourneyron a construit ses turbines. Quoique assez compliquées elles ont donné des résultats pratiques satisfaisants. Elles se prêtent facilement à toutes les vitesses et à toutes les forces de chute. Leur inventeur en a établi une dans la Forêt-Noire à Saint-Blaise ; elle est mise en mouvement par une chute du Rhin de 108 mètres de hauteur. Sa vitesse est de 3200 tours à la minute, sa puissance de 40 chevaux-vapeur. Son diamètre n'est que de 0,55 centimètres.

Pour de si fortes chutes, les turbines ordinaires se réduisent à des dimensions tellement exiguës et tournent avec une vitesse si considérable, qu'il en résulte forcément une perte de force notable par les engrenages qu'il faut employer. Pour remédier à cette perte, M. Thomas, ingénieur belge, a construit une variété de turbines de grand diamètre pouvant prendre les petites vitesses, car l'eau vient par-dessous. M. Girard a proposé aussi une sorte de turbine appelée *roue-hélice* fort ingénieusement disposée (fig. 21). Dans ce système, la roue est à moitié immergée dans l'eau, et les engrenages d'angle sont fixés sur deux *paliers* dans une cuve. C'est la plus simple de toutes celles qui ont été inventées jusqu'ici.

C'est principalement dans les grands moulins à eau qu'on emp.oie les turbines. Elles sont presque toutes fort peu encombrantes, et c'est justement ce qui les fait rechercher de préférence aux autres moteurs, hydrauliques ou à vapeur. Leur seul inconvénient est que, pendant les grandes chaleurs de l'été, lorsque les eaux sont basses, leur marche est souvent con-

Fig. 21. — Roue hélice Girard.

trariée, ce qui peut être une cause de chômage pour les usines ou les ateliers qui les emploient.

Les moulins de Saint-Maur près Paris offrent le type à peu près le plus puissant de toutes les turbines construites jusqu'à ce jour. L'emploi de ces appareils s'étend de plus en plus chaque jour, et il viendra un moment où ils auront remplacé l'antique roue hydraulique.

III. LES MOULINS A MARÉE

L'homme a aussi imposé sa volonté à la mer, au vaste Océan : il emploie les marées comme force motrice.

Voici la description d'un appareil utilisant cette force qui a figuré à l'Exposition internationale de Londres.

L'appareil se compose de deux parties : l'une est un réservoir dans lequel se produit la force, et qui représente la chaudière d'une machine à vapeur; l'autre est une machine motrice à peu près semblable, sauf quelques modifications, à une machine fixe.

Le réservoir est divisé en deux compartiments placés l'un au-dessous de l'autre. Sa base doit être située au-dessous du niveau des plus basses marées, tandis que sa paroi supérieure atteint le niveau des marées les plus hautes. La paroi horizontale qui divise les deux compartiments occupe une hauteur intermédiaire entre ces deux niveaux.

Ce réservoir doit être enterré dans le sable, à l'abri des vagues et des tempêtes. Il peut être construit indifféremment, en maçonnerie, en ciment romain, ou bien en fonte ou en fer, et placé à une distance quelconque de la mer. S'il en est loin, on n'aura qu'à prolonger suffisamment le tube de communication.

Pendant la marée, l'eau monte par le tube dans le premier compartiment, et comprime l'air dans le second. En mettant cet air comprimé en rapport avec la machine, le piston glisse comme par l'action de la vapeur à égale tension, et le moteur marche jusqu'à la marée descendante; c'est-à-dire, pendant environ trois heures. On peut donc obtenir ainsi une alternative de trois heures de travail et de trois heures de repos.

Pour les industries auxquelles ces intermittences ne pourraient convenir, on ajuste à la machine une ou plusieurs pompes que le piston met en mouvement et qui refoulent l'air dans un vaste compartiment de réserve. Ce travail, s'opérant pendant que la marée fait travailler la machine, on n'a point d'intermittences préjudiciables, la provision d'air comprimé y supplée, et l'on a une marche continue et assurée.

Le prix de cette force motrice est très modéré. Une fois l'installation accomplie, il n'y a plus de dépenses à faire; les marées travaillent gratuitement. De plus, elles ont sur les autres systèmes hydrauliques un grand avantage, en ce que la mer n'est sujette, ni à baisser, ni à tarir, comme les rivières et les ruisseaux.

IV. LE MOTEUR DUFORT.

Ce nouveau moteur a été inventé, il y a quelques années seulement, par un industriel parisien, et il est apte à rendre de grands services à nombre d'industries. Sa force motrice, bien que faible, est suffisante pour actionner des machines à coudre, des ventilateurs, ou quelques autres appareils du même genre, pour lesquels il n'est besoin que de peu de force.

La partie principale de ce moteur est une roue à ailettes de tôle, fixée sur l'arbre de couche. L'eau, dont on règle à volonté le débit au moyen d'un robinet, agit sur ces ailettes par l'action de sa pesanteur et de sa pression, puis s'échappe, après avoir travaillé, par un conduit placé en dessous.

Cette roue tourne avec une vitesse variant entre 60 et 18 000 tours par minute, à la volonté du conducteur de la machine. Elle peut marcher dans les deux sens (avant et arrière) et s'arrêter instantanément. Ce système supprime les volants, engrenages et courroies de transmission ; il peut être mis en mouvement et conduit par la première personne venue, ne possédant aucune connaissance spéciale, chose inutile d'ailleurs, puisqu'il ne s'agit pour toutes manœuvres que d'ourir plus ou moins ou de fermer un robinet.

Ce moteur emploie pour sa marche [indifféremment quelque fluide que ce soit, lorsqu'on en a un sous la main à une pression suffisante. Par exemple, on peut utiliser accidentellement la vapeur ou l'air comprimé, mais ce n'est que lorsqu'on veut obtenir les grandes vitesses de 10 000 tours à la minute. Dans ce cas l'appareil devient une véritable machine rotative, par con-

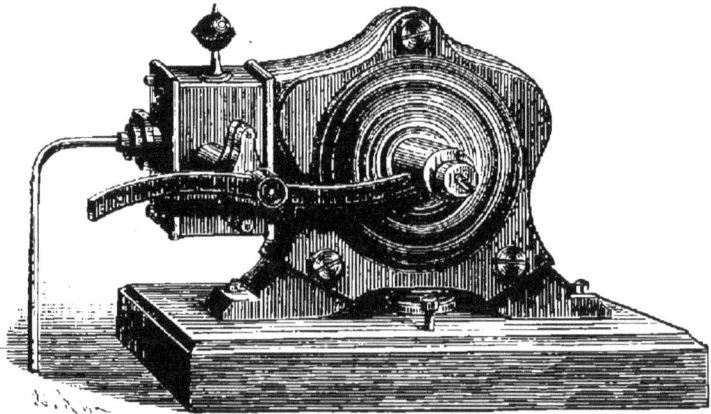

Fig. 22. — Moteur Dufort.

séquent peu économique à cause des pertes par rayonnement et dilatation.

Ordinairement, c'est l'eau que l'on choisit et que l'on préfère, du moment qu'on l'a à bas prix et sous une pression minimum de trois atmosphères. Cette faible pression suffit à l'appareil Dufort, et c'est pour cela qu'il est très utile dans tout métier n'ayant besoin que de peu de force, pouvant avoir à sa disposition l'eau nécessaire, l'eau motrice en un mot, dont le prix n'est pas excessif.

Ce moteur ne pèse que cinq kilogrammes ; il peut

se monter sur quelque table que ce soit. Il peut rem
placer avantageusement les machines rotatives à vapeur, qui ont le défaut de s'user trop rapidement par le
frottement des parties en contact, et, par là, d'occasionner des pertes de travail moteur.

Les ateliers de couture mécanique sont les premiers
qui aient adopté le moteur Dufort. Sa puissance est assez
grande pour mettre en mouvement toute la série de
machines de l'atelier, évitant, par là, le mouvement des
jambes, si désastreux pour la santé des ouvrières.

Quelques lavoirs l'utilisent pour les essoreuses, à
cause de sa grande vitesse.

Dans l'appareil Hughes, enfin, à l'Administration des
postes et des télégraphes, son emploi s'est rapidement
répandu. Il remplace avec avantage les contrepoids,
qu'il faut relever de temps à autre, et assure à l'appareil une marche régulière, tout en évitant un surcroît de fatigue aux employés.

CHAPITRE IV

LES BAROMOTEURS

————

Ressorts. — Poids. — Barotropes. — Caoutchouc tordu. —
Plans automoteurs.

————

Le nom hybride de *baromoteurs* que nous donnons
aux appareils de cette section vient de deux mots,
l'un grec, l'autre latin, le premier signifiant poids et le
second moteur, ce qui revient à dire que ce sont des
machines tirant leur force de la pesanteur que nous
allons étudier ici.

L'emploi des poids comme moteurs est borné presque exclusivement à l'horlogerie. Chacun connaît le vul-
gaire *coucou* ou réveille-matin, et la primitive horloge
le bois de Nuremberg (fig. 23). Dans ces sortes de
pièces mécaniques, le poids attaché au dernier anneau
d'une longue chaîne, descend et fait tourner la roue
à rochet, sur laquelle passe la chaîne. Cette roue à
rochet communique à son tour le mouvement à une

roue d'engrenage placée sur l'axe de la grande aiguille,
réglée pour faire le tour entier du cadran en soixante
minutes. Un autre mécanisme, muni d'un balancier ou

Fig. 25. — Horloge de Nuremberg ou de la Forêt-Noire.

pendule régulateur, fait tourner la petite aiguille en
douze heures.

Un autre poids sert à faire jouer la sonnerie, toujours
par le même effet. A l'heure dite la roue de la grande aiguille déclanche une pièce qui retient la sonnerie en
repos. Rien ne l'arrêtant alors, le poids descend et, par
la force qu'il développe, il fait osciller et frapper le
marteau sur le timbre. C'est aussi simple qu'ingénieux.

Mais si l'on se bornait à cette manœuvre, le marteau, à mesure que la chute du poids s'accélérerait — d'après la loi bien connue de la chute des corps — le marteau frapperait le timbre de plus en plus vite. Pour éviter les battements de se précipiter, on met en jeu la résistance de l'air. Lorsque le poids descend il fait tourner des ailettes de fer-blanc, lesquelles, à mesure que leur mouvement de rotation devient plus rapide, éprouvent une résistance de plus en plus grande de la part de l'air et par là modifient et retardent ce mouvement. Par suite le marteau frappe, à intervalles égaux et espacés, le timbre de la sonnerie, qui se trouve ainsi réglée.

Il y a dans certaines cathédrales et églises, à Strasbourg, Saint-Quentin, Haarlem, et ailleurs, des horloges merveilleuses de complications dans lesquelles, lorsque l'heure sonne, on voit apparaître différents personnages : Jésus-Christ entouré de ses apôtres, le Temps accompagné de la Jeunesse, de l'Age mûr et de la Vieillesse, etc.

Dans les horloges de bois plus modestes, qui nous arrivent de la Forêt-Noire, ce sont plus ordinairement des soldats défilant, musique en tête, ou un oiseau de bois qui accompagne chaque coup de marteau de son cri monotone *coucou, coucou.*

Et quel est le moteur de tous ces différents mécanismes? Un poids, tout simplement un poids qui descend.

Car, pour produire une action, il faut que le poids descende ; un poids immobile n'est plus un moteur, ou du moins pendant ce temps ; aussi ce système a-t-il un grand inconvénient. Lorsque le poids est au haut de sa course, il a une puissance motrice limitée. Lorsqu'il descend, l'effort qu'il exerce est toujours le même ; mais

une fois arrivé à son plus bas point il s'arrête forcément, sa force est dépensée, et pour qu'il puisse encore
produire un travail, il faut qu'un autre moteur étranger
à la machine, ordinairement l'horloger, vienne le remonter, sans cela son rôle est terminé et il est immobile
pour l'éternité.

Aussi a-t-on, dans un grand nombre de cas, remplacé
les poids par les ressorts, bien moins gênants et produisant le même effet.

Un ressort est une mince lame d'acier trempé, en-

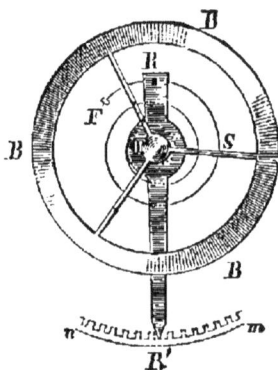

Fig. 24. — Ressort.

roulée en spirale, qui, à mesure qu'elle se détend pour
reprendre sa forme primitive, engendre une force mise
à profit dans les montres et quelques autres appareils
particuliers (voir fig. 24).

Pour régulariser cette force (car un ressort qui se
détend ne développe pas comme les poids constamment
le même effort, puisqu'une fois qu'il se débande sa
force décroît jusqu'à ce qu'il ait repris sa position première), les horlogers employaient anciennement la fusée,

supprimée aujourd'hui, ce qui permet de diminuer beaucoup l'épaisseur des montres.

En mécanique, les ressorts ne sont pas seulement ces
petites lames d'acier délicates; les catapultes et les
balistes des anciens étaient aussi des espèces de ressorts,

Fig. 25. — Barotrope Marquis.

lançant au loin les pierres, les flèches et le terrible *feu
grégeois*.

Dans l'horlogerie, les ressorts suppriment les balan-
ciers, poids, chaînes, trop encombrants et impossibles
à utiliser pour les horloges portatives. C'est grâce aux
progrès de l'horlogerie moderne, que les dames possèdent d'élégantes montres à remontoir, au lieu des
monstrueux *oignons* d'autrefois.

Puisque nous parlons des moteurs à poids, décrivons deux machines empruntant leur force à ce système.

La première est ce que l'on appelle *barotrope* ou voiture sans chevaux ; le type le plus commun est la voiture de malade, à leviers ou à pédales, dont le véritable moteur est le poids du conducteur.

Pour mettre cette singulière voiture en marche, on appuie sur les pédales, calées sur un coude de l'arbre des roues. Le mouvement alternatif se transforme au moyen de la bielle en mouvement circulaire, et les roues tournent en faisant, par conséquent, avancer la voiture (fig. 25).

On obtient la direction en faisant pivoter la roue de devant sur laquelle repose tout le système. On peut ainsi tourner à volonté à droite ou à gauche et dans le rayon voulu.

On a construit des barotropes où, au lieu de pédales, le conducteur de la voiture actionne des leviers agissant de la même façon sur des coudes de l'arbre. Une de ces machines, dirigée par un homme vigoureux, a parcouru 20 kilomètres en deux heures un quart sous un soleil brûlant.

Certaines personnes, ne possédant pas de chevaux, s'en servent à la campagne pour voyager entre des points assez rapprochés ; c'est là même la principale utilité de ces voitures dont le véritable moteur est l'homme — un moteur animé.

Une personne très ingénieuse s'est servie de la puissance de torsion du caoutchouc comme force motrice. C'est un moteur très léger mais dont la marche dure à peine quelques instants. M. Pénaud a fait manœuvrer à l'aide du caoutchouc tordu de très curieux appareils de navigation aérienne : les aéroplanes, les hélicoptères et les oiseaux mécaniques, montant dans l'atmosphère par le jeu d'hélices tournant horizontalement, ou d'ailes légères imitant le mécanisme de l'aile de l'oiseau vivant (fig. 26).

Mais ce sont là plutôt des jouets scientifiques que des

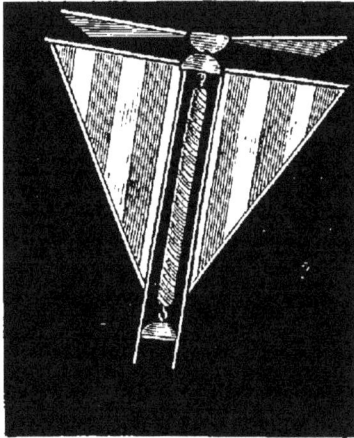

Fig. 26. — Hélicoptère.

applications pratiques d'une force pouvant servir à d'autres usages plus importants.

D'après l'inventeur lui-même le caoutchouc tordu peut produire un mouvement rapide pendant quelques instants, mais il est inapplicable en grand.

Les plans inclinés ou automoteurs sont employés surtout dans les mines, les fouilles pour constructions et les carrières (fig. 27). Dans les plans automoteurs des mines, des wagons sont réunis en *trains*, au moyen de chaînes, et ils sont placés sur la voie montante. Un câble, attaché au wagon de tête, passe sur une poulie fixée au dernier

et plus haut point de la montée, tandis que son extrémité se trouve rattachée au premier wagonnet d'un second train se trouvant sur la voie descendante. Par un
système de va-et-vient très compréhensibe, quand un
train monte l'autre descend, l'un vide l'autre chargé.
Il y a même des changements de voie et de pente, inter-
vertissant jusqu'au sens de marche des trains.

Quant aux plans inclinés et obliques ils se servent

Fig. 27. — Plan automoteur.

qu'à faciliter la montée aux animaux moteurs traînant
de lourdes charges de terre et de déblais.

Ainsi l'homme tire parti des choses les plus insi-
gnifiantes en apparence. Rien que pour les ressorts,
par exemple, que de personnes cette industrie ne fait-
elle pas vivre! C'est une preuve de la transformation de
la matière par l'intelligence et le travail. Avec une livre
de fer, coûtant en moyenne 25 centimes, un ouvrier
peut faire environ cinq mille ressorts de montre, pesant

un décigramme, et payés dix francs pièce. C'est donc cinquante mille francs que vaut la livre de fer ainsi transformée par le travail de l'ouvrier. Tout n'est que relatif ici-bas, puisqu'une livre de fer, une fois travaillée, vaut plus que quinze kilos pesant d'or pur!

CHAPITRE V

LES MOTEURS A AIR

La machine atmosphérique. — La machine à air chaud. —
Moteurs à air comprimé.

I. LA MACHINE ATMOSPHÉRIQUE

L'honneur revient sans conteste à Papin, pauvre médecin de Blois, d'avoir deviné la théorie du changement de l'eau en vapeur par l'ébullition, et d'avoir construit la première machine à vapeur, que d'autres inventeurs n'ont eu qu'à perfectionner.

Mais n'anticipons pas; avant l'historique de la machine à vapeur, rendons-nous compte de la machine atmosphérique, son premier germe.

En 1678, Louis XIV, voulut, pour l'embellissement de ses jardins de Versailles, élever l'eau de la Seine, et la distribuer dans les magnifiques bassins du parc. Les immenses difficultés de cette entreprise tenaient en haleine l'esprit de tous les mécaniciens français. Un certain abbé d'Hautefeuille, après avoir songé aux forces naturelles qu'on aurait pu mettre en jeu pour arriver au résultat auquel on tendait, proposa en termes vagues

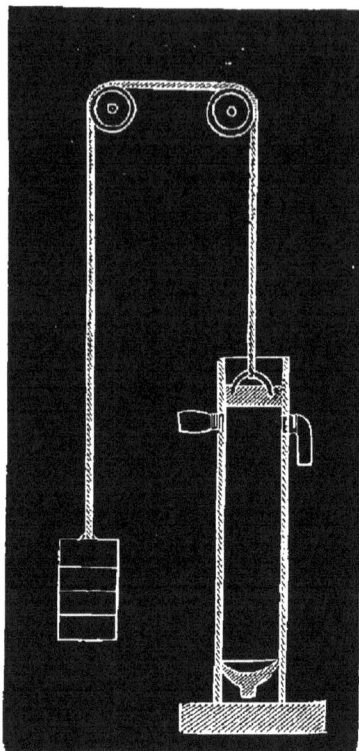

Fig. 28. — Machine atmosphérique de Huyghens.

et diffus, de se servir de la poudre à canon pour produire un vide artificiel dans une grande caisse, et par ce moyen élever l'eau qui s'y serait précipitée par l'effet de la raréfaction.

Cette idée fut reprise en 1682 par Huyghens de Zulichem, savant hollandais, mais au lieu de n'être employée qu'à élever l'eau, sa machine devait servir à tous les besoins de l'industrie, et devenir le moteur tant cherché.

La machine de Huyghens (fig. 28) était formée d'un corps de pompe, dans lequel glissait à frottement doux,

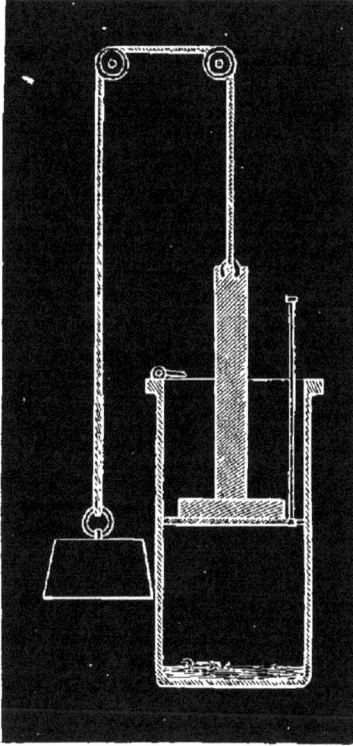

Fig. 29. — 1ʳᵉ machine de Papin.

un piston formant la partie supérieure du tube. Dans le fond était fixé une sorte de godet que l'on remplissait de poudre, et, dans la paroi du haut, on avait ménagé deux soupapes s'ouvrant du dedans au dehors. Ce cylindre était placé dans une position verticale et vissé sur une sorte de socle. Le piston mobile était relié au moyen d'une corde, passant sur des poulies, supportées par deux piliers en forme de portique, à la masse, au poids à enlever, ou à la machine à faire mouvoir.

Lorsqu'on allume la poudre, voici le phénomène qui s'opère : les gaz produits instantanément se dilatent par la chaleur développée, et chassent l'air par les soupapes qui se referment instantanément après son expulsion.

Le piston est en même temps poussé jusqu'en haut du corps de pompe. L'air évacué, un vide imparfait s'établit, et permet à l'atmosphère d'appuyer sur la face supérieure du piston, qui, par suite de son poids (1 kil. 33 par cent. carré de surface), le fait redescendre. En multipliant la surface du piston par le coefficient 1,33, on a la pression en kilogrammes qu'exerce l'atmosphère sur le piston, et par conséquent le poids que la corde peut enlever.

Papin avait secondé Huyghens dans la construction de sa machine ; il y avait reconnu divers inconvénients, notamment l'emploi de la poudre, qu'il fallait changer à tout instant, et le peu de raréfaction de l'air par ce procédé (il en restait environ un cinquième dans le cylindre). Pour remédier à ces imperfections, il proposa dans un mémoire, publié dans les « *Actes de Leipsick* » de 1690, d'employer, au lieu de poudre, l'eau réduite en vapeur, puisque la vapeur une fois condensée n'a qu'un volume excessivement restreint et peut produire, par suite, un vide presque parfait dans le corps de pompe, affirmait-il.

Quelque temps après, le célèbre mécanicien construisit une machine, fort semblable pour la forme extérieure à celle de Huyghens, mais dont le prin-

cipe différait absolument (fig. 29). Comme la machine
à poudre du savant hollandais, celle de Papin avait de
grands défauts. La marche en était très lente et très irrégulière par suite du temps considérable que demandait
la vapeur pour son refroidissement. Il fallait constamment une personne pour retirer à tout instant le brasier
de dessous le corps de pompe et l'y replacer, alimenter
d'eau le cylindre, à mesure que cette dernière était réduite en vapeur et surveiller la marche bien imparfaite
et bien irrégulière de ce rudimentaire appareil. C'était
perdre, d'abord un temps considérable pour attendre le
refroidissement et la condensation, ensuite une grande
quantité de calorique qui aurait pu être utilisée. Par
conséquent perte de temps et d'argent.

Les imperfections de la machine du docteur Papin
n'échappèrent point aux personnes même les moins
expérimentées en mécanique. Le savant eut à subir des
humiliations sans nombre; aussi, découragé par l'ac-
cueil fait à son invention, Papin — le pauvre grand
homme — abandonna l'idée de sa machine atmosphérique, de ce moteur qu'un léger perfectionnement,
la condensation instantanée de la vapeur, allait rendre
applicable, comme il l'avait rêvé, aux besoins de l'industrie. Ce perfectionnement fut trouvé par le capitaine Savery et appliqué par le même, associé avec
Newcomen et Cawley, dans les machines, dites à simple
effet, des mines du Devonshire en Angleterre.

Au lieu de retirer le foyer de dessous la chaudière,
Savery aspergea le cylindre avec un jet d'eau froide
et, procédant ainsi, il obtint des résultats inespérés.
Quant à Papin, ce ne fut que longtemps après, environ quinze ans plus tard qu'il inventa une seconde

machine à vapeur, totalement différente de sa première et complètement abandonnée depuis James Watt.
Nous la décrirons, en détail, au chapitre traitant des
moteurs à vapeur.

Aujourd'hui, on ne parle plus de machines atmosphériques; d'autres moteurs remplacent bien mieux
cette curieuse application de la pesanteur naturelle de
l'atmosphère, force trop peu sensible pour être pra-
tiquement utilisée.

II. LES MACHINES A AIR CHAUD

Les machines atmosphériques ne déployant pas une force assez considérable pour être mise en action dans les moteurs actuels, d'ingénieux inventeurs ont employé l'air d'une autre manière, très originale, qui a donné d'excellents résultats.

Nous voulons parler des premières machines employant véritablement la chaleur proprement dite, produite par une source calorifique quelconque, pour leur marche : les machines à air chaud ne faisant servir la chaleur qu'à échauffer l'air, lequel, par sa dilatation, met en mouvement les organes du mécanisme moteur.

Il est à peine utile de rappeler la théorie des montgolfières ou ballons à air chaud. Ces aérostats s'élèvent dans l'atmosphère parce que l'air qu'ils renferment s'est dilaté sous l'action de la chaleur, et son volume — par conséquent son poids — étant moindre que le poids de l'air déplacé, ils s'élèvent en vertu du principe d'Ar chimède.

On a fait plusieurs applications curieuses de l'air chaud. L'une des plus originales est celle de la rôtissoire automatique, où le poulet, le gigot qui se trouve placé à l'intérieur se cuit tout seul, sans mouvement d'horlogerie, et sans que le cuisinier ou le cordon bleu viennent y jeter un seul regard.

Cette rôtissoire est cylindrique, et à l'intérieur est la coquille où l'on entasse le charbon de bois brûlant. A la partie supérieure se trouve une roue à palettes hélicoïdales, assez semblables pour leur forme extérieure à la roue hélice Girard. Dans l'axe de cette roue est le crochet, la broche, à laquelle on suspend le morceau à rôtir.

Lorsque le feu est vif, la viande cuit, et l'air chaud renfermé dans la rôtissoire tend à s'échapper par le haut. Or, comme le seul vide gardé est rempli par la petite roue, l'air pousse forcément les palettes et fait par conséquent tourner l'arbre, la broche plutôt, et la viande qu'elle soutient. Plus la chaleur est grande et plus le mouvement de rotation est accéléré.

Dans les machines à air chaud, c'est exactement la même théorie et par conséquent le même fait qui se reproduit.

Il y a plusieurs systèmes de moteurs à air chaud. MM. Franchot, Pascal, Laubereau, Wilcox, Lehmann, Daulton, ont suivi à grands pas les traces du capitaine Ericcson, innovateur de cette idée féconde en applications usuelles.

La première machine à air chaud connue fut celle qu'inventa le capitaine Ericcson. En voici la description (voir la fig. 30) :

La partie principale de ce moteur est un fort cylindre, dans lequel se trouvent un grand nombre de toiles métalliques, à mailles très serrées, et chauffées jusqu'à la température de 250 degrés. Une masse d'air froid traversant rapidement ces toiles métalliques s'y échauffe instantanément et se dilate aussitôt. L'impulsion produite par la dilatation de cet air est mise à profit pour agir sur un piston, lequel joue dans un

corps de pompe. Après avoir produit ce premier effet,
la même masse d'air repasse à travers les mêmes toiles
métalliques. Dans ce retour le métal reprend à l'air la
chaleur qu'il lui avait un moment communiquée; de
telle manière qu'en sortant de cette partie de l'appareil, l'air est presque aussi froid qu'à son premier

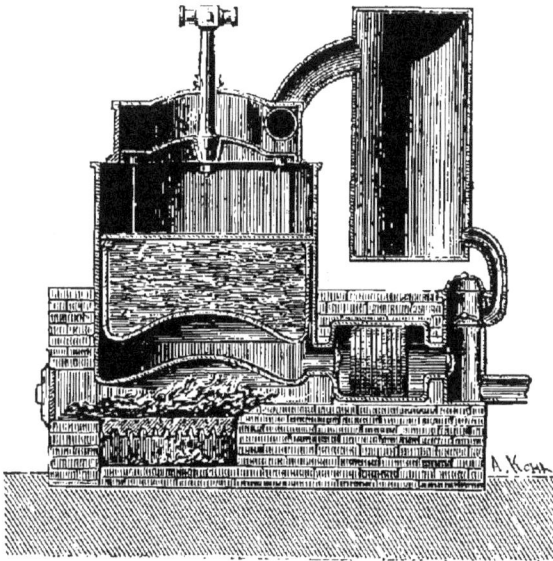

Fig. 30. — Moteur à air chaud d'Ericcson.

départ. C'est la répétition de ces effets de dilatation
et de contraction alternatives de l'air échauffé et refroidi qui détermine le jeu du piston moteur[1].

Cette machine est à simple effet. La force élastique
de l'air ne sert qu'à pousser les pistons de bas en
haut; elle ne contribue en aucune manière à les faire
redescendre.

[1] *Merveilles de la Science*, de Louis Figuier.

Les pistons descendent par leur propre poids, comme dans les premières machines à vapeur *atmosphériques* de Savery et Newcomen.

Ce fut la première machine que M. Ericcson construisit. Elle ne réalisa pas, malgré l'espoir de son inventeur, l'économie considérable de combustible attendue. En outre, les toiles métalliques destinées à reprendre à l'air sortant une partie de la chaleur qu'il renfermait, ne donnèrent pas les résultats qu'on avait espérés. Aussi M. Ericcson a-t-il supprimé ces toiles dans ses nouveaux moteurs à air chaud. Il a changé la disposition du régénérateur d'une façon très ingénieuse; le système de transformation du mouvement a été aussi notablement amélioré.

On installa, vers 1860, des machines Ericcson sur des navires, pour la propulsion maritime, mais elles ne donnèrent pas les résultats attendus, et la marine américaine ne tarda pas à les abandonner. Ce système eut plus de succès dans les ateliers et manufactures de petite fabrication. Son emploi est maintenant remplacé par celui des moteurs à gaz d'un fonctionnement plus régulier.

La suppression de la chaudière et l'impossibilité absolue de toute explosion rendent la machine Ericcson intéressante à plus d'un titre. Malheureusement ses organes sont nombreux, trop délicats, et son entretien exige des soins trop assidus et dispendieux pour qu'on en obtienne un fonctionnement régulier.

La machine Ericcson a été notablement perfectionnée par MM. Tawcett et Preston, constructeurs anglais, qui la fabriquent d'une manière courante.

Ils l'ont considérablement simplifiée et ont agencé ses

organes de transmission d'une façon nouvelle et ingénieuse, de sorte qu'elles peuvent rendre de bons services dans les petites usines n'ayant pas besoin d'une
force motrice continue ou ne pouvant, pour des raisons matérielles, employer une machine à vapeur ou
tout autre moteur.

A côté du système Ericcson vient se placer la machine à air chaud de M. Franchot. Cette machine
se compose de quatre cylindres chauffés par le bas et
formant une *série circulaire*. C'est toujours la même
masse d'air, tour à tour échauffée et refroidie, qui
agit dans ces cylindres et produit un travail moteur
continu, se communiquant à l'arbre et à la poulie de
transmission.

La puissance de cette machine pour des dimensions d'ailleurs égales, est susceptible de varier, si
l'on fait usage d'un air plus ou moins comprimé et
chaud. Ce système est très simple et a donné de fort
bons résultats pratiques.

Il n'en est pas de même de la machine de M. Pascal,
de Lyon, machine très économique, mais dont le volume
énorme des cylindres rend l'emploi fort difficile pour
les usines ne disposant que de peu de place pour le
moteur.

La machine à air chaud comprimé de M. Lehmann
a les mêmes défauts; le fourneau est beaucoup trop
encombrant; il est en maçonnerie et muni d'une cheminée en briques comme les générateurs à vapeur.

Les systèmes encore le plus en usage dans l'industrie
sont ceux de MM. Laubereau et Daulton. Celui
de M. Wilcox que nous avons cité ne diffère de la
machine de M. Ericcson, qu'en ce que le régénérateur,

au lieu d'être formé de toiles métalliques, se compose de feuilles de tôle ondulées, dispersant bien mieux la chaleur.

Sous un petit volume la machine Laubereau, dont nous donnons la reproduction (fig. 31), développe une assez grande puissance motrice; c'est le moteur à air chaud qui a donné les meilleurs résultats pratiques. Aussi est-il adopté dans beaucoup d'ateliers de petite fabrication.

Sa construction, et, par suite, sa conduite, est simple. Sa dépense de combustible est minime et la rend par là plus accessible, dans un grand nombre de cas, aux industries n'ayant besoin que d'une petite force motrice, ne demandant pas autant de chaleur qu'une machine à vapeur, à puissance égale.

La machine Laubereau se compose de trois parties principales et bien distinctes : le fourneau, le cylindre remplissant l'office de chaudière, et le mécanisme moteur. Voici comment sa marche s'opère.

Sous le rayonnement intense du foyer, l'air extérieur s'échauffe considérablement dans le grand cylindre. Arrivé à une certaine température il passe dans le second cylindre, moteur, où, par le jeu de soupapes convenablement disposées, il fait marcher le piston et tourner le volant régulateur. La force de ce petit moteur varie entre 50 et 100 kilogrammètres. Nous verrons au chapitre traitant des machines à vapeur ce que ce terme signifie.

Cet appareil est d'une forme élégante. Tout le système est monté sur un socle en fonte qui sert de fourneau. Il est peu encombrant, chose capitale dans l'industrie où la place du moteur est parcimonieuse-

Fig. 51. — Machine à air chaud de Laubereau.

A socle-fourneau. — *B* cylindre-chaudière où s'opère l'échauffement de l'air.
— *C* cylindre moteur contenant le piston. — *D* mécanisme moteur; bielle
articulée, manivelle, arbre, paliers, graisseurs. — *E* mécanisme de transmission; volant et poulie. — *F* manette d'ouverture de la porte du fourneau. — *GG'* tuyaux de communication pour l'air échauffé. — *HH'* appareils de sûreté. — *T* pompe alimentaire.

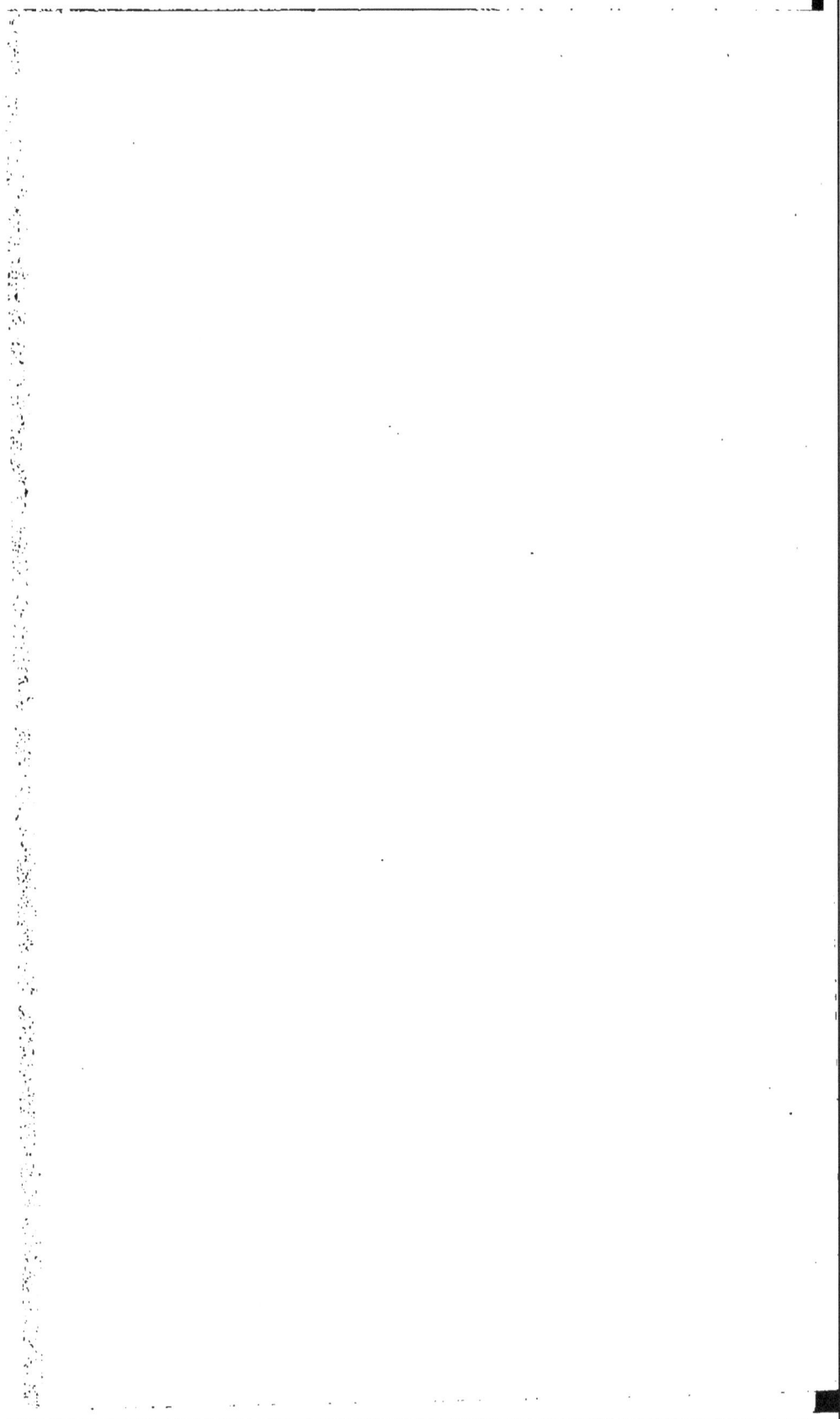

ment mesurée, et, grâce à cet avantage, son emploi
pourrait bien se généraliser.

Le moteur à air chaud de M. Daulton (fig. 32), constructeur mécanicien, est à deux cylindres régénérateurs,
c'est-à-dire que, dans cette machine, l'air est animé
d'une sorte de mouvement circulaire. Il passe d'abord

Fig. 32. — Machine Daulton.

au-dessus du foyer, où il se dilate subitement et produit
son effet moteur, puis il arrive dans le second cylindre
où il se refroidit et reprend son volume primitif. Ensuite
il revient dans le premier où il se réchauffe et *vice versâ*.
C'est toujours le même air qui travaille et engendre le
mouvement.

6

C'est l'un des meilleurs systèmes et des plus employés maintenant. La machine est légère, mais ne réalise pas encore les économies de combustible tant cherchées.

Il est assez difficile de prévoir l'avenir réservé aux moteurs à air chaud, car ces machines présentent plusieurs inconvénients inhérents au principe même. Ainsi, l'on ne peut communiquer à l'air une certaine pression sans lui donner une grande quantité de calorique et l'élever à un tel degré de chaleur que les métaux se soudent, les huiles distillent ou se vaporisent et les garnitures se brûlent. De plus, malgré les toiles métalliques, cylindres régénérateurs, et tous les organes intermédiaires, il arrive un moment où toutes les pièces arrivent au même degré de chaleur, l'équilibre de température s'établit, et la contre-pression étant égale à la pression, le piston s'arrête. C'est pourquoi les machines à air chaud sont restées et resteront au second plan, remplacées par les moteurs à gaz, moteurs plus simples et par là même plus pratiques.

III. LES MOTEURS A AIR COMPRIMÉ

L'application de l'air comprimé comme force motrice est toute récente. Après les machines marchant par l'effet du vide, vinrent les machines marchant par la compression. C'était logique. Pourtant ce ne fut qu'après un intervalle de deux cents ans que la seconde idée, celle de l'air comprimé, vint. La faute en était, il est vrai, aux machines à vapeur qui remplissaient toutes les conditions du problème, du moteur type applicable aux principaux besoins de l'industrie, et qui détournèrent les esprits de la recherche d'une autre force motrice ou d'un autre moteur.

L'air comprimé se comporte dans le mécanisme identiquement de la même façon que la vapeur à égale tension. C'est-à-dire que la somme de travail développée par la vapeur à six atmosphères de pression est la même que celle de l'air comprimé agissant à un nombre égal d'atmosphères. L'action motrice produite étant donc en tous points semblable, on comprend que, à moins de cas particuliers, la construction et le mécanisme du moteur à air comprimé soient les mêmes que ceux d'une machine à vapeur horizontale.

Nous avons décrit au chapitre « *Moteurs employant la force des marées pour leur marche* » une machine dont la véritable force motrice, celle qui actionne le piston, est l'air comprimé par la force de l'eau de la mer montante. L'eau est la force première, mais l'air qu'elle comprime est la force réelle, tangible, celle qui met les organes du moteur en mouvement.

Dans le plus grand nombre de cas on utilise la puissance des chutes d'eau pour la compression de l'air. Pour le percement du tunnel du Saint-Gothard, des turbines mises en mouvement par les chutes d'eau provenant des montagnes, transmettaient leur vitesse de rotation à des pompes foulantes emmagasinant l'air dans de vastes réservoirs de tôle épaisse et solide, ressemblant pour la forme extérieure à une chaudière, à un véritable générateur de vapeur. Ces réservoirs montés sur un châssis ou *truck* étaient faciles à réunir en trains roulant sur une ligne ferrée. Une fois pleins d'air comprimé à 7 ou 8 atmosphères, on les conduisait à l'endroit désigné du souterrain où, à l'aide de tuyaux de caoutchouc doublés de forte toile, on les mettait en rapport avec les perforatrices et les différents appareils à faire mouvoir (voir la fig. 34).

Mais ces réservoirs ne sont en quelque sorte que la chaudière de l'appareil. Nous verrons plus loin comment la marche s'opère, la manière d'emploi :

Il n'existe que quelques sortes de moteurs à air comprimé : — le moteur Braconnier (fig. 33) à grande vitesse ;— système A. L. Taverdon, très utile dans le forage des roches au moyen du diamant noir ; — le moteur Cherbonnier, dont on peut voir un spécimen dans la grande galerie des machines au Conservatoire des arts et métiers ; — et enfin la machine rotative de M. Uhler.

Ces moteurs ne sont en réalité qu'une variété de machines rotatives, disposition dont nous nous occuperons
plus loin. C'est aussi, à peu de chose près, la construc-

Fig. 33. — Moteur Taverdon à air comprimé.

tion des pompes rotatives très répandues aujour-
d'hui.

En voici la marche et la construction :

La partie principale de l'appareil, celle sur laquelle
agit le fluide moteur est un tambour excentré, fixé sur
l'arbre supporté par des paliers. A l'état de repos, la première soupape est ouverte. Lorsque l'on ouvre le robinet
de communication avec la chaudière, l'air comprimé
pénètre par cette issue et, appuyant sur le tambour, il
le pousse et le fait tourner. A peu près au quart de sa

course le tambour ne soutenant plus la soupape, celle-ci retombe par l'effet de son poids et la communication étant interdite, la masse d'air déjà entrée achève de travailler. Aux trois quarts alors de sa course le cylindre soulève une seconde soupape, d'échappement celle-là, et, l'air comprimé ayant travaillé, s'échappe au dehors par cette issue.

L'air soumis à une compression de huit ou dix atmosphères peut imprimer au fleuret de la perforatrice une vitesse d'environ trois mille tours à la minute. C'est le nombre de tours ordinaire de la toupie des découpeurs sur bois.

En même temps que l'arbre de la perforatrice, de la *haveuse*, comme disent les ingénieurs, tourne, le fleuret monté sur une tige avec encliquetage et à crémaillère avance et pénètre dans la roche ou la pierre à creuser.

Le moteur Braconnier à grande vitesse est surtout employé pour les haveuses à diamant noir, système A. L. Taverdon de Liège. Avec le moteur Uhler c'est le plus usuel.

Un savant ingénieur, M. Mékarski, s'est servi de l'air comprimé comme force motrice applicable à la marche des voitures. Les tramways de Nantes sont mus de cette manière. Les cylindres moteurs, d'un faible volume, sont placés sous le châssis de la voiture et transmettent, par l'intermédiaire d'une bielle, le mouvement aux roues. Ce système a donné d'excellents résultats et l'emploi de ce mode de mouvement s'est continué.

L'effet mécanique produit par l'air comprimé est connu depuis longtemps; l'exemple le plus simple en est la canonnière en sureau des enfants. Le fusil à vent est construit d'après le même principe. Dans la crosse se trouve le réservoir, en tôle d'acier épaisse et solide. Au moyen d'une soupape se manœuvrant par la gâchette, une certaine quantité d'air s'échappe, et pousse la balle aussi loin que le ferait la poudre.

L'une des plus ingénieuses applications de l'air comprimé est celle qui fait servir ce fluide de force motrice pour les bateaux sous-marins. Ainsi le navire le *Plongeur* du contre-amiral français Bourgois, était muni d'une machine à air comprimé d'une puissance nominale de 80 chevaux-vapeur.

Ce navire sous-marin, rendu fameux par un livre où il est fort parlé de ses exploits, a la forme d'un long cigare de tôle d'acier, aplati dans le sens de sa hauteur pour lui donner plus de stabilité. A l'avant, dans un compartiment de huit mètres de longueur, se trouvent les récepteurs à air comprimé. Ces récepteurs sont cylindriques et terminés à chaque extrémité par une demi-sphère. Avant le départ on y comprime de l'air au moyen d'une pompe foulante spéciale, jusqu'à une pression de 14 atmosphères. Les récepteurs, au nombre de six, contiennent cent quarante mètres cubes d'air à quatorze atmosphères, qu'il est facile de faire parvenir au moteur au moyen d'un tuyau et d'un robinet.

L'air comprimé, une fois qu'il s'est échappé de la machine, possède encore assez de tension pour mettre en jeu le *petit cheval*, qui sert à chasser l'eau que l'on a laissé entrer dans les réservoirs du bâtiment afin de provoquer son immersion, à faire jouer le gouvernail, les plans inclinés pour la montée ou la descente du navire, le treuil où s'enroule la chaîne de l'ancre, à faire mouvoir les machines magnéto-électriques dont le courant éclaire l'équipage, les ventilateurs, les pompes, etc., etc.

Enfin, quand l'air a perdu dans tous ses travaux sa chaleur et sa pression, il sert à la respiration des matelots et peut être envoyé par des tubes de caoutchouc aux plongeurs, aux scaphandriers travaillant dans les profondeurs de l'Océan. Et si, par une cause quelconque, la pression de l'air, à l'intérieur du bâtiment, s'élevait d'une manière anormale, des soupapes sont disposées à cet effet pour laisser échapper le trop plein à l'extérieur, c'est-à-dire dans l'eau.

N'est-ce pas là l'une des plus belles applications de l'air comprimé?

C'est l'air, tour à tour raréfié et comprimé, qui met en mouvement à Londres le wagon cylindrique du tunnel souterrain de la Tamise. Pour l'aller, l'air chassé par un puissant ventilateur, mû par une machine à vapeur, refoule l'air et pousse le wagon-disque, où se tiennent les voyageurs. Pour le retour, la machine et le ventilateur tournent, *marche en arrière*, l'air est aspiré, et en même temps que lui le wagon, lequel est repoussé par la pression extérieure. A Paris, le même système est employé pour la télégraphie pneumatique. L'air, comprimé par l'eau dans de grands cylindres ou réservoirs, appuie sur le wagon contenant les lettres, les envoie jusqu'à l'extrémité du tube et fait ainsi correspondre tous les bureaux ensemble.

Nous avons vu que l'air comprimé est la force motrice des perforatrices. Au tunnel du Gothard, on s'est servi de la locomotive Ribourt, combinaison fort ingénieuse de l'air fortement comprimé et des pistons ordinaires.

Fig. 34. — Perforatrice à air comprimé.

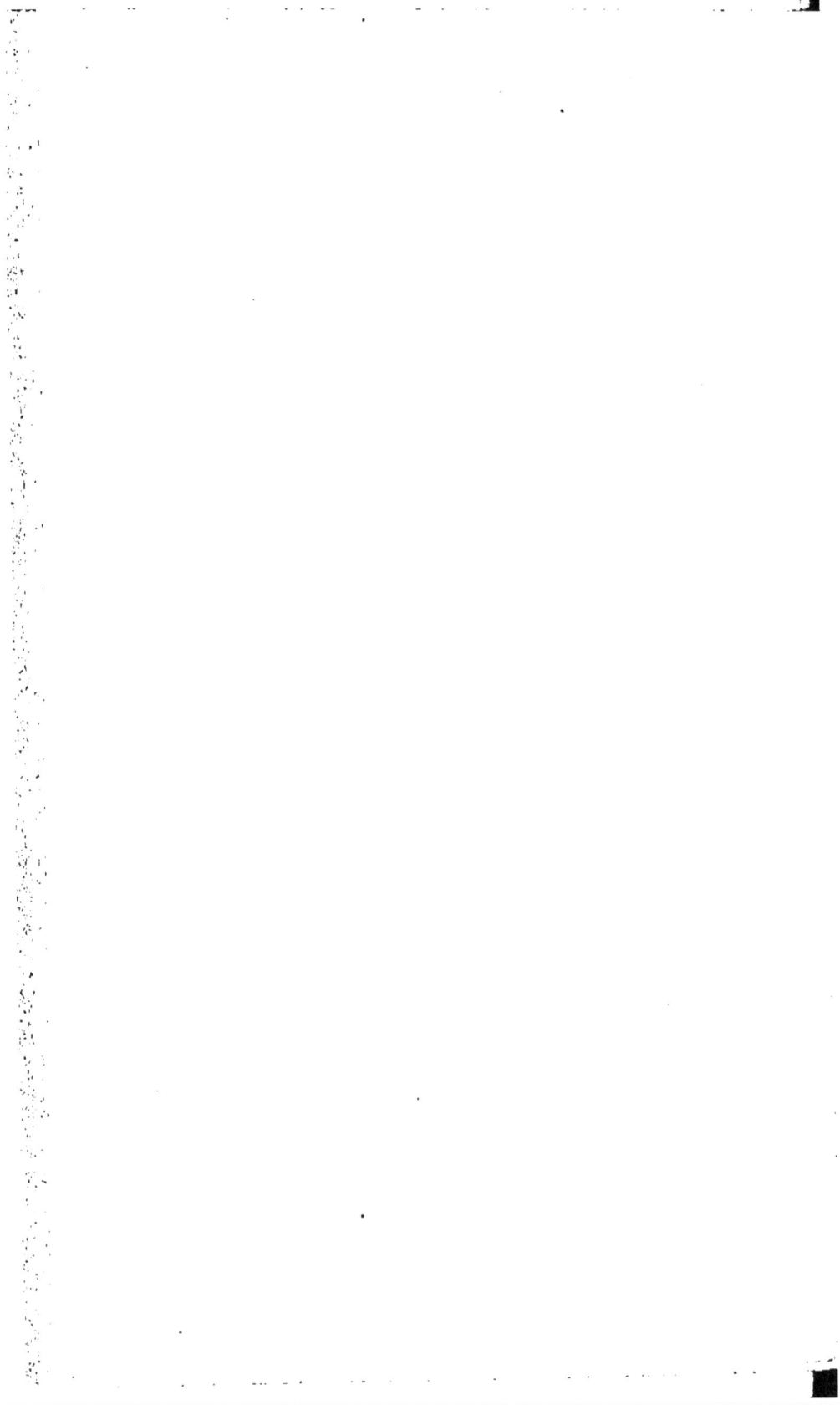

Le mécanisme moteur de cette locomotive n'offre rien de particulier. Seulement, à la place de la chaudière, fixé sur le châssis, se trouve un réservoir cylindrique en tôle d'acier, d'un volume considérable, et dans lequel on emmagasine l'air à la plus forte pression possible.

Les compresseurs, donnant une marche fort défectueuse à partir de 7 atmosphères. On leur fait aspirer de l'air à cette dernière pression, et refouler, dans le récipient de la locomotive à une pression double, environ 14 ou 15 atmosphères. L'air agit sur les pistons de la même façon que la vapeur, plus énergiquement même, puisque sa pression est plus considérable, et les pertes sont moins grandes dans ce cas que dans beaucoup d'autres applications. Le tableau comparatif qui suit, établit ces proportions d'une manière exacte, d'après le rendement en travail de l'air comprimé dans ses différents usages. La force motrice première est fournie par une chute d'eau. Voici ce rendement, sur 100 parties de travail, dépensées par la chute.

Compresseur.	Perforatrices.	Syst. Ribourt.	Syst. Mékarski.
10 pour 100	$\frac{4}{6}$ pour 100	25 pour 100	32 pour 100

Ce tableau démontre clairement le cas dans lequel le travail se perd le moins. Les commentaires sont inutiles.

M. Pecqueur, mécanicien français, bien connu par ses travaux sur l'air comprimé, proposa, au lieu de comprimer l'air dans un réservoir servant de chaudière comme dans le système précédent, ou de l'emmagasiner dans le tender comme l'avait imaginé M. Andraud, d'établir un tube couché parallèlement à la voie, et duquel l'air serait retiré au moyen d'un tube

partant de la locomotive. Mais ce projet, beaucoup trop
compliqué pour avoir de bons résultats, fut peu après
abandonné par l'inventeur lui-même.

Une sérieuse application de l'air comprimé à la locomotion est celle qui a été faite en 1844 dans le but de
faire remonter aux trains l'énorme rampe qui s'étend
entre le bois du Vésinet et Saint-Germain.

Voici quel était le moyen mis en œuvre par l'innovateur, M. Mallet.

Au sommet de la montée, à Saint-Germain, étaient
établies à demeure deux machines à vapeur de 200 chevaux de force chacune, agissant sur une immense roue
dentée transmettant à son tour le mouvement à deux
puissantes pompes aspirantes, destinées à faire le vide
dans un immense tube de fer partant du point infé-
rieur de la rampe. Dans l'intérieur de ce tuyau, glissait
à frottement doux un piston, qu'une tige, un couteau,
reliait au wagon-directeur chargé de remorquer jusqu'à
la station, le train arrivant de Paris.

Une fente était pratiquée pour le passage du couteau
d'un bout à l'autre du tube, et, pour éviter les déperditions de force, cette fente était recouverte d'une bande
de cuir huilée et garnie de mastic. Cette bande se soulevait au passage du couteau et, après son passage, elle
reprenait sa place par la pression exercée par une roue
en bois fixée sous la locomotive.

Cette manière de procéder, qui rappelle du tout au
tout celle employée pour la marche du wagon-disque à
Londres, avait quelques avantages, mais, en revanche,
beaucoup d'inconvénients. L'ascension du train se faisait, il est vrai, en quelques instants, mais, une fois
cet effort accompli, les machines à vapeur se reposaient

et brûlaient sans profit leur combustible en attendant que le train fût redescendu pour travailler à nouveau.

C'était fort peu économique, car c'était à peine si ces machines travaillaient dix minutes par jour. De plus il avait fallu opérer de grands travaux de construction pour l'aménagement des voies.

Ainsi, pour établir ce chemin de fer dont le trajet était de deux kilomètres et demi à peine, la dépense s'éleva à six millions. Peu de temps après, en 1847, ce procédé onéreux fut supprimé, et le wagon-piston à air comprimé remplacé par la locomotive de montagne l'*Antée*, à trois roues couplées.

M. Audraud fut aussi le promoteur d'une nouvelle manière pour l'emploi de l'air comme force motrice. Son système était dit *éolique*.

Il se composait d'un tube en toile, se gonflant ou se dégonflant à volonté, et chassant devant lui un wagon. Ce système était aussi impraticable que celui de M. Pecqueur, qui proposait d'extraire l'air comprimé dans une conduite placée parallèlement aux rails, au moyen d'un tube à glissières.

Voilà les principales applications de l'air comprimé. Si son emploi ne se propage pas plus, cela tient beaucoup à ce qu'il exige un récepteur de force encombrant, des pompes foulantes, enfin un matériel moteur délicat et fort compliqué.

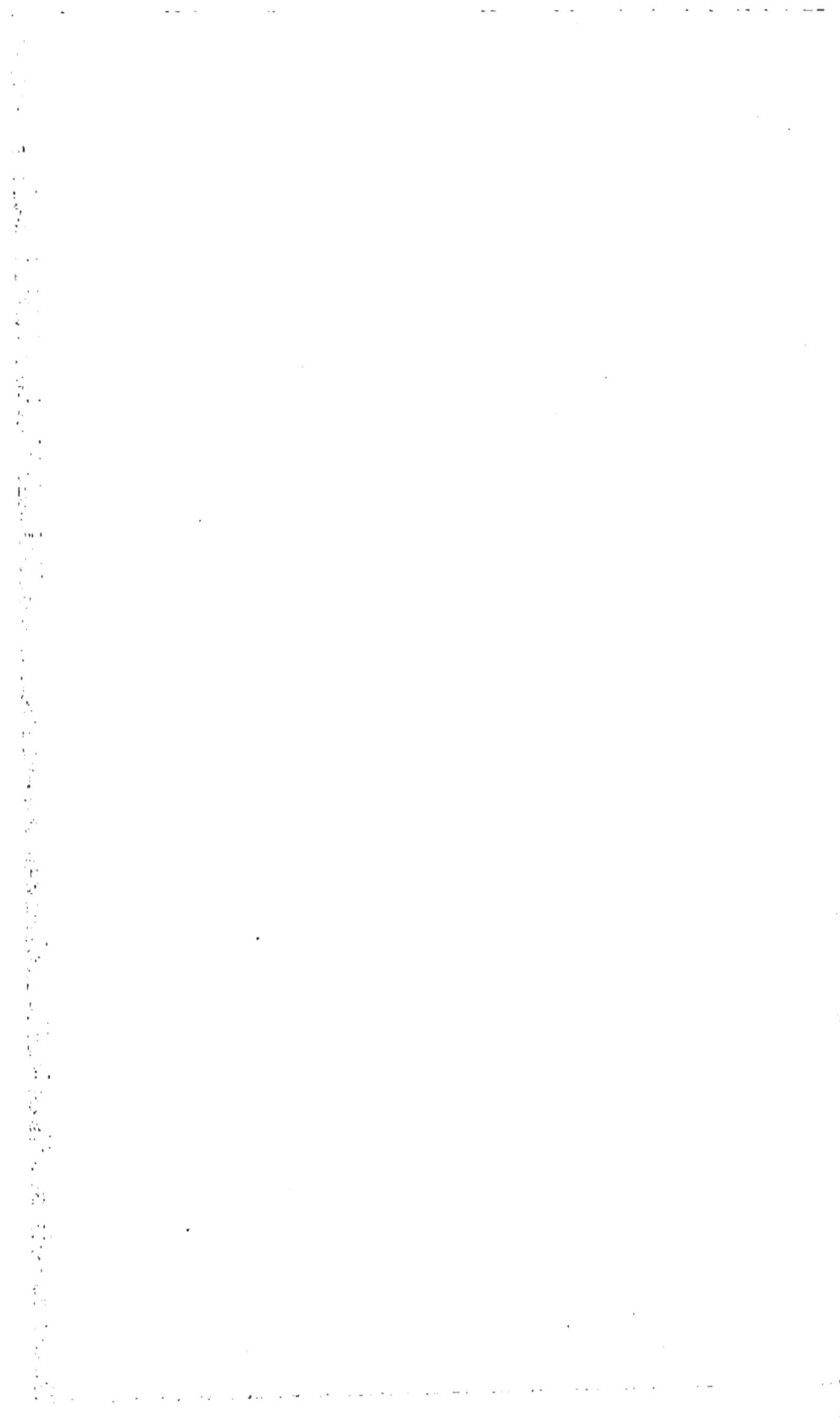

CHAPITRE VI

MOTEURS A VAPEUR

I. GENÈSE DES MACHINES A VAPEUR

I. L'Éolipyle.

Nous arrivons ici à la partie à la fois la plus importante et la plus intéressante de cette étude. Les moteurs à vapeur sont aujourd'hui les plus communs et, malgré la multiplicité des types, ceux dont le mécanisme et le fonctionnement sont les plus simples et les plus sûrs. L'invention de la machine à vapeur a accompli une révolution radicale dans toutes les industries, en permettant d'abaisser le prix de la main-d'œuvre, tout en augmentant le salaire de l'ouvrier, ce qui a mis à la portée des classes pauvres et laborieuses, une foule d'objets, de luxe autrefois, de première utilité maintenant. C'est à la machine à vapeur que nous devons de franchir l'espace avec la vitesse du vent. C'est à elle que nous devons nos vêtements, nos chaussures même, car c'est elle qui fournit le mouvement aux foulons écrasant la laine, et aux machines à coudre l'étoffe ou le cuir. C'est elle aussi qui met en marche toutes ces machines si diverses, triturant l'argile pour en faire des briques, mélangeant la lessive et le suif pour en fabriquer des savons, actionnant les machines à percer le fer, et les raboteuses qui enlèvent, avec leur robuste burin, un copeau de trois centimètres d'épaisseur sur plusieurs mètres de longueur. En un mot, qu'on aille dans quelque atelier, manufacture ou usine que ce soit, on y trouvera, comme premier outil, comme machine indispensable, le moteur à vapeur, ce chef-d'œuvre de la mécanique moderne.

C'est en vain que quelques auteurs ont cherché, dans l'antiquité, la première idée de l'application de la vapeur d'eau comme force motrice. Les traditions de la Grèce et de Rome ne portent aucunement mention de la vapeur comme corps connu, et ce n'est que du temps de Papin qu'on découvrit la puissance élastique considérable de l'eau réduite en *air* comme on disait alors.

Ce fut le mathématicien Héron d'Alexandrie, le même qui inventa la fontaine de compression et le siphon, qui construisit le premier appareil empruntant sa force de rotation à la vapeur d'eau. Le philosophe grec décrivit cet appareil sans soupçonner quel devait être son avenir, sans connaître même quel était l'agent de propulsion, l'agent moteur. Pour lui c'était un joujou, ni plus ni moins que ses automates, dansant en rond, et qu'il avait inventés quelque temps auparavant.

Voici comment était la disposition de cette curieuse machine, d'après le document authentique du savant Grec :

« Soit A (fig. 35) une marmite contenant de l'eau et
« soumise à l'action de la chaleur. On la ferme au
« moyen d'un couvercle que traverse le tube courbé,

Fig. 35. — Éolipyle.

« dont l'extrémité pénètre dans la petite sphère creuse,
« suivant un diamètre. A l'autre extrémité du même
« diamètre, est placé le pivot qui est fixé sur le cou-
« vercle au moyen de la tige pleine. De la sphère sortent
« deux tubes, placés suivant un diamètre (à angle droit
« sur le premier) et recourbés à angle droit, en sens in-
« verse l'un de l'autre. Lorsque la marmite sera échauffée
« la vapeur passera par le tube droit, dans la sphère et,
« sortant par les tubes infléchis à angle droit, fera tourner

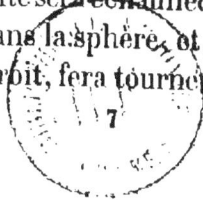

7

« la sphère de la même manière que les automates qui
« dansent en rond. »

Tel était l'appareil qui devait, après tant de siècles,
se changer en moteur à vapeur, la plus merveilleuse
invention des temps modernes.

Lorsque vivait le philosophe d'Alexandrie et même
bien longtemps ensuite, la vapeur d'eau et la force qu'elle
recélait demeurèrent ignorées. Robert Boyle, physicien
célèbre, contemporain de Papin, ne la connaissait pas
encore, puisqu'il ne mentionne sur ce point que la transformation, par la chaleur, de l'eau en *air*, sans en dire
davantage.

L'éolipyle fut donc la première machine à vapeur
digne de ce nom dont la description soit venue jus
qu'à nous. Depuis Héron jusqu'à Salomon de Caux, la
science des moteurs n'avança pas. Elle resta station-
naire, et il faut arriver à l'an 1650 avant d'en retrouver
une trace.

II. LES MACHINES A VAPEUR

De Papin, Salomon de Caux, Newcome, Cawley, Savory

Salomon de Caux était à la fois ingénieur et architecte et, quoiqu'il n'ait rien fait pour cela, il a passé
pour être le véritable inventeur de la machine à vapeur.
Beaucoup de personnes croient encore aujourd'hui, que
ce savant a été méconnu, humilié, persécuté même, et
est mort en prison, victime de sa noble folie de re-
cherches, et de la disgrâce du cardinal de Richelieu. Il
n'en est point ainsi, et, quoi que ce conte ait été mainte
et mainte fois reproduit par la plume ou le pinceau, il
n'en est pas moins une œuvre de simple imagination [1].

Salomon de Caux, né en 1576, était ingénieur du roi
Louis XIII. Après avoir longtemps voyagé, il s'était fixé
à Paris où ce fut, vers 1620, qu'il publia son ouvrage :
Les Raisons des Forces mouvantes, dans lequel se
trouve le passage relatif à l'emploi de la vapeur d'eau,
et la description de son appareil tant vanté, sur lequel
on a fait reposer sa gloire.

---

[1] C'est en prenant au pied de la lettre un roman de M. Henry Ber-
thoud, que l'idée de la folie et de la mort de Salomon de Caux s'est
propagée et répandue dans le public.

Dans cette machine, représentée figure 36, l'eau à vaporiser était contenue dans un récipient sphérique A. Si, lorsque l'eau entrait en ébullition, on ouvrait le robinet B placé en haut de la sphère, elle s'échappait par le tuyau. Il n'avait inventé cet appareil que pour servir

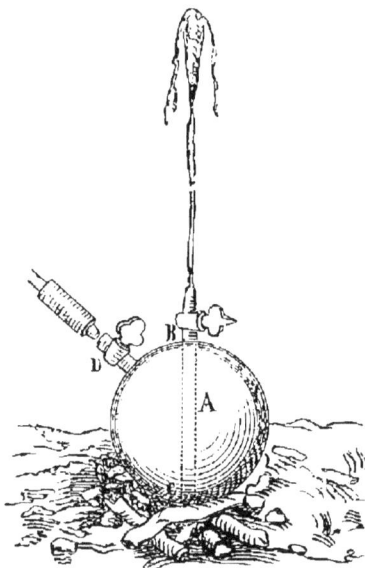

Fig. 36. — Machine de Salomon de Caux.

aux épuisements, en produisant, en quelque sorte, un vide artificiel.

Ce n'était donc pas, à proprement parler, une machine à vapeur, puisque l'inventeur lui-même ne connaissait pas la vapeur.

Le modeste ingénieur mourut, en 1625, en pleine activité de service, et son nom serait moins célèbre s'il n'avait servi aux fictions d'un romancier.

C'est, comme nous l'avons dit, au physicien de Blois, notre immortel Papin, que revient l'honneur d'avoir compris le rôle immense de la vapeur dans la nature, et d'avoir cherché à en utiliser la prodigieuse force élastique.

Papin, qui fit de la vapeur d'eau le but de ses études, inventa trois machines, portant avec raison le titre de machines à vapeur.

Fig. 37. — Le « New Digester » du docteur Papin.

La première, dont la description parut en anglais, vers 1621, s'appelait le *New Digester* ou nouveau digesteur (voir fig. 37).

Elle se composait essentiellement d'un vase, d'une marmite, en quelque sorte, où l'eau se trouvait renfermée. Par l'action du brasier, placé par-dessous, l'eau s'échauffait, entrait en ébullition, et, par la chaleur considérable de la vapeur qu'elle dégageait, e.le dissolvait et séparait la gélatine des os. A vrai dire, ce n'était pas encore là une machine à vapeur, quoi que ce fût dans cet appareil, que l'on utilisa, pour la première fois, l'instrument appelé *soupape de sûreté* et que l'on trouve dans toutes les machines comme moyen préventif des explosions.

La seconde machine du célèbre mécanicien est sa meilleure, celle où s'est montré son génie prime-sautier et indépendant.

Elle se composait, on le sait, d'un long cylindre, ouvert à un bout, et dans lequel glissait, à frottement doux, un piston. On étendait une couche d'eau dans le fond de ce cylindre et on exposait ce dernier au rayonnement d'un brasier quelconque. L'eau se transformait en vapeur, qui poussait le piston à l'extrémité du corps de pompe, et une fois condensée, produisait un vide qui le faisait redescendre (voir la figure 29.) Ce n'était que le perfectionnement de celle de Huyghens, et pourtant le germe du moteur à vapeur moderne, moins la condensation instantanée, progrès accompli par Newcomen et Cawley, dignes successeurs du grand mécanicien français.

La troisième machine à vapeur de Papin différait absolument de la seconde. La chaudière était fixée à demeure, sur un fourneau en briques et la vapeur était fournie par l'eau de cette chaudière (voir fig. 38). Newcomen, Cawley et Savery copièrent cette disposition, en ajoutant la *soupape de sûreté*, employée par Papin dans son nouveau digesteur, et les robinets de *jauge* pour s'assurer de la hauteur de l'eau.

La vapeur, produite par l'eau de la chaudière, appuyait

sur une rondelle de bois mobile dans un cylindre où l'on introduisait de l'eau. En chassant cette rondelle la vapeur refoulait cette eau par un tube venant en dessous et, lorsqu'on ouvrait un robinet qui terminait ce tube, l'eau, violemment chassée, tombait sur une roue hydraulique et la faisait tourner avec une certaine rapidité, pendant tout le temps qu'il y avait de l'eau dans la chaudière et dans le cylindre. Le manque d'eau entraînait

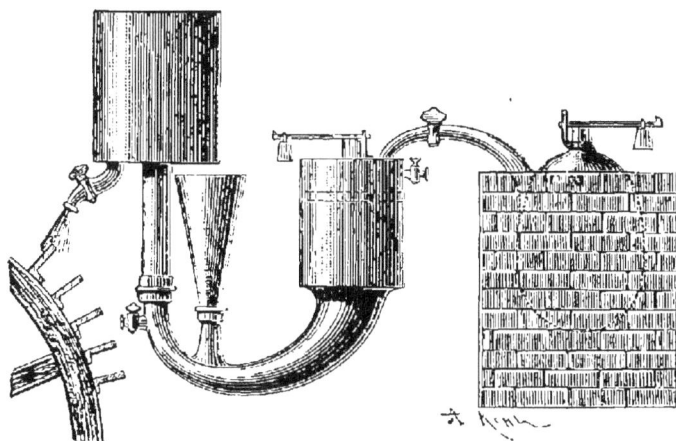

Fig. 58. — 2ᵉ Machine de Papin.

alors forcément une interruption de travail, pendant le temps qu'il fallait pour remplir à nouveau de liquide la chaudière.

Ce système était fort imparfait, comme on le voit, aussi fut-il abandonné, dans la suite, par son inventeur même, qui en revint à sa seconde machine.

Papin avait deviné la machine à vapeur en construisant ses appareils, mais il ne lui fut pas donné d'aller plus loin dans la voie de ces admirables découvertes.

Il était réservé à des Anglais, le capitaine Savery ou plutôt Newcomen et Cawley, de construire les premières machines à vapeur, véritablement dignes de ce nom et qui donnèrent une marche à peu près régulière.

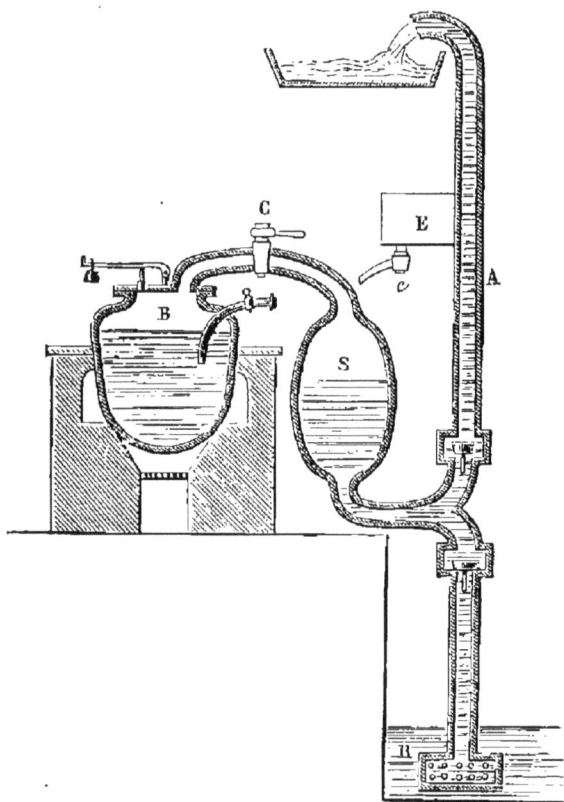

Fig. 39. — Machine de Savery.

Papin, mourut pauvre, après avoir langui pendant longtemps, dans la misère, hors de France, d'où la révocation de l'édit de Nantes l'avait exilé. On ne connaît même pas l'époque exacte de sa mort et l'endroit où reposent ses cendres.

Ce fut en 1698, du vivant de Papin, que Savery demanda un brevet pour l'exploitation de sa machine à élever l'eau et qu'il la fit fonctionner devant la *Société royale de Londres*.

Voici la description de cet appareil, que le capitaine Savery prétendit — chose difficile à croire — avoir inventé seul, sans avoir eu aucunement connaissance des travaux de son prédécesseur Papin (fig. 39).

La vapeur, fournie par la chaudière B, arrive, en traversant le tuyau C, dans l'intérieur du vase métallique S. Elle presse l'eau, contenue dans ce cylindre et, par sa force élastique, la refoule dans le tube A, en soulevant la soupape, qui s'ouvre de haut en bas et en fermant la soupape B, qui se ferme de bas en haut. Par suite de cette disposition, très simple, l'eau jaillit par l'extrémité supérieure du tube et s'écoule au dehors.

Lorsque le vase S s'est vidé de cette manière, on ferme le robinet C pour intercepter la communication avec la chaudière et, ouvrant le robinet D, on fait arriver un courant d'eau continu, du réservoir E. La vapeur contenue dans le vase S se trouve ainsi subitement condensée. Le vide se trouvant ainsi produit, par l'effet de la pression atmosphérique, l'eau monte et remplit ce vase. Si l'on fait alors, en ouvrant le robinet C, arriver un nouveau jet de vapeur dans le cylindre, il appuie sur l'eau et, la soupape A s'ouvrant, et la soupape B se refermant, l'eau est refoulée dans le tube A jusqu'à une hauteur de 55 pieds (17^{m},25) et ainsi de suite.

Mais construite sur un principe vicieux, la machine de Savery ne pouvait pas donner de bons résultats. Ainsi, pour le bon fonctionnement de cette machine, il fallait refroidir et condenser la vapeur pour l'aspiration, tandis que le refoulement ne s'opérait qu'à condition d'échauffer l'eau. Par conséquent il fallait perdre énormément de vapeur, donc un calorique précieux, l'âme de la machine.

La machine à vapeur de Newcomen et Cawley était meilleure, et dans la pratique elle donna des résultats inespérés. Ce fut pendant longtemps la seule employée pour l'épuisement de l'eau dans les mines, et c'est en la perfectionnant que Watt créa un véritable moteur applicable à un nombre incalculable d'usages différents.

Newcomen et Cawley étaient deux ouvriers de Darmouth en Angleterre. L'un était serrurier et l'autre vitrier. Newcomen était instruit et éclairé, et ce fut après avoir consciencieusement étudié la machine de Papin, qu'il se mit à construire un petit modèle de son invention, dans lequel la vapeur ayant poussé le piston jusqu'au haut de sa course, était instantanément refroidie par l'effet d'un courant d'eau froide aspergeant à ce moment précis l'extérieur du cylindre (fig. 40).

Mais Savery qui employait le même système pour la condensation immédiate de la vapeur, empêcha Newcomen et Cawley de prendre une patente et les menaça d'un procès. Que firent les deux inventeurs? Ils s'associèrent avec Savery et ce fut ensemble qu'ils construisirent une machine dont la marche, quoique lente, était assez régulière. Les propriétaires de mines se hâtèrent alors de l'utiliser pour l'épuisement de l'eau, l'emploi de ce moteur étant moins coûteux que celui des chevaux.

Ce fut au hasard seul que les inventeurs durent d'ajouter un perfectionnement capital à leur machine. Jusqu'alors on s'était borné pour la condensation de la vapeur à faire couler sur les parois du cylindre un filet d'eau froide. Or, un jour, les associés étant réunis, ils s'aperçurent que le balancier donnait un nombre de coups inusité à la minute. En ayant cherché la cause ils virent que le piston était percé en plusieurs places de trous imperceptibles, et que de l'eau froide tombant par ces interstices dans le sein de la vapeur la condensait instantanément. Au lieu alors de ne refroidir que la surface extérieure du cylindre moteur, ils lancèrent au moyen d'un robinet à pomme une pluie fine d'eau dans la masse de vapeur et ils obtinrent une marche, sinon rapide, au moins bien accélérée.

Seulement pour le bon fonctionnement de l'appareil de Newcomen, il fallait constamment une personne pour ouvrir et fermer les robinets d'introduction de vapeur et d'eau de condensation. Ce fut un enfant qui, par un trait, un éclair de génie, supprima cette sujétion, en ne songeant pourtant qu'à s'épargner à lui seulement, et pour un moment, cette besogne pénible et ennuyeuse.

Chacun sait comment Humphry Potter eut cette idée. Il était chargé de cette tâche fastidieuse dans une mine d'Angleterre. Les cris joyeux de ses camarades jouant à cinquante pas de lui, en dehors de l'atelier, retentissaient à ses oreilles, et il brûlait de l'envie d'aller les rejoindre. Mais son travail l'en empêche. Il doit rester à son poste. Alors, pour la première fois, il remarque des choses auxquelles on n'avait jamais prêté d'attention. Il s'aperçoit que les positions des robinets et du balancier sont en corrélation intime et que, quand le balancier commence sa course, un robinet doit s'ouvrir, et, lorsqu'il la finit, ce dernier doit se fermer. Au moyen

donc de deux ficelles attachées à des points déterminés
du balancier, il voit les robinets s'ouvrir et se fermer
automatiquement sans son aide et au moment voulu.
Enchanté alors de son idée, le paresseux de génie aban-

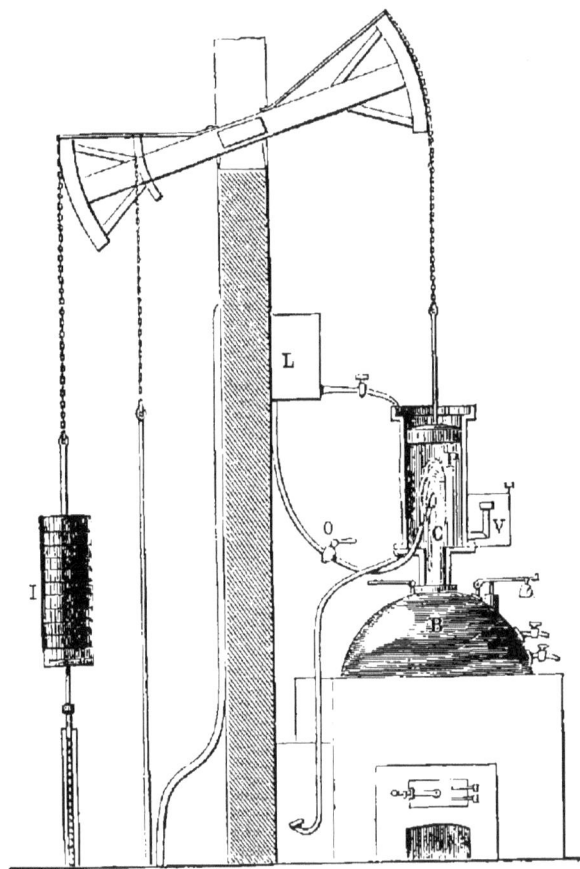

Fig. 40. — Machine de Newcomen.

donne sa machine, marchant maintenant toute seule, et
il va rejoindre ses camarades sans se soucier, se douter
même, du pas immense qu'il a fait faire à la machine à
vapeur.

Ainsi agencée, la machine à vapeur était d'une conduite peu fatigante, et elle fut employée pendant longtemps de cette façon dans les mines de charbon de terre de la vieille Angleterre. Ce ne fut qu'en 1765 que le célèbre mécanicien, James Watt, la transforma d'une manière radicale, et changea ses organes de la manière la plus économique et la meilleure.

III. WATT ET SES SUCCESSEURS.

James Watt, l'un des plus grands ingénieurs dont
l'Angletere s'honore, et à juste titre, naquit en 1756 à
Greenock, petite ville d'Écosse, d'une ancienne et ho-
norable famille ruinée par de mauvaises spéculations
commerciales. Dès son enfance, il montra des dispositions extraordinaires que le manque absolu de fortune
de ses parents l'empêcha de cultiver. Il fut mis en
apprentissage à l'âge de seize ans chez un modeste
fabricant où il apprit à construire de petites pièces
mécaniques : des compas, des appareils de physique
et de mathématiques. Dans cette humble position, il
travailla avec énergie. Il suivit les cours professés
à cette époque par Joseph Black, se perfectionna
dans son métier, et en 1763 il ouvrit une petite bou-
tique de constructeur dans un local dépendant de
l'Université de Glascow. C'était là qu'attirée par l'esprit, les solides connaissances et les brillantes qualités
du jeune mécanicien, se réunissait la haute société
des gens les plus instruits de la ville. Un contemporain
de Watt, le docteur Robison, cite des exemples de l'intelligence rare du célèbre inventeur. « Ayant besoin,
« dit-il, de connaître l'ouvrage de Leupolds sur les ma-
« chines, il apprit ausssitôt l'allemand pour pouvoir le

Fig. 41. — Machine de Watt.

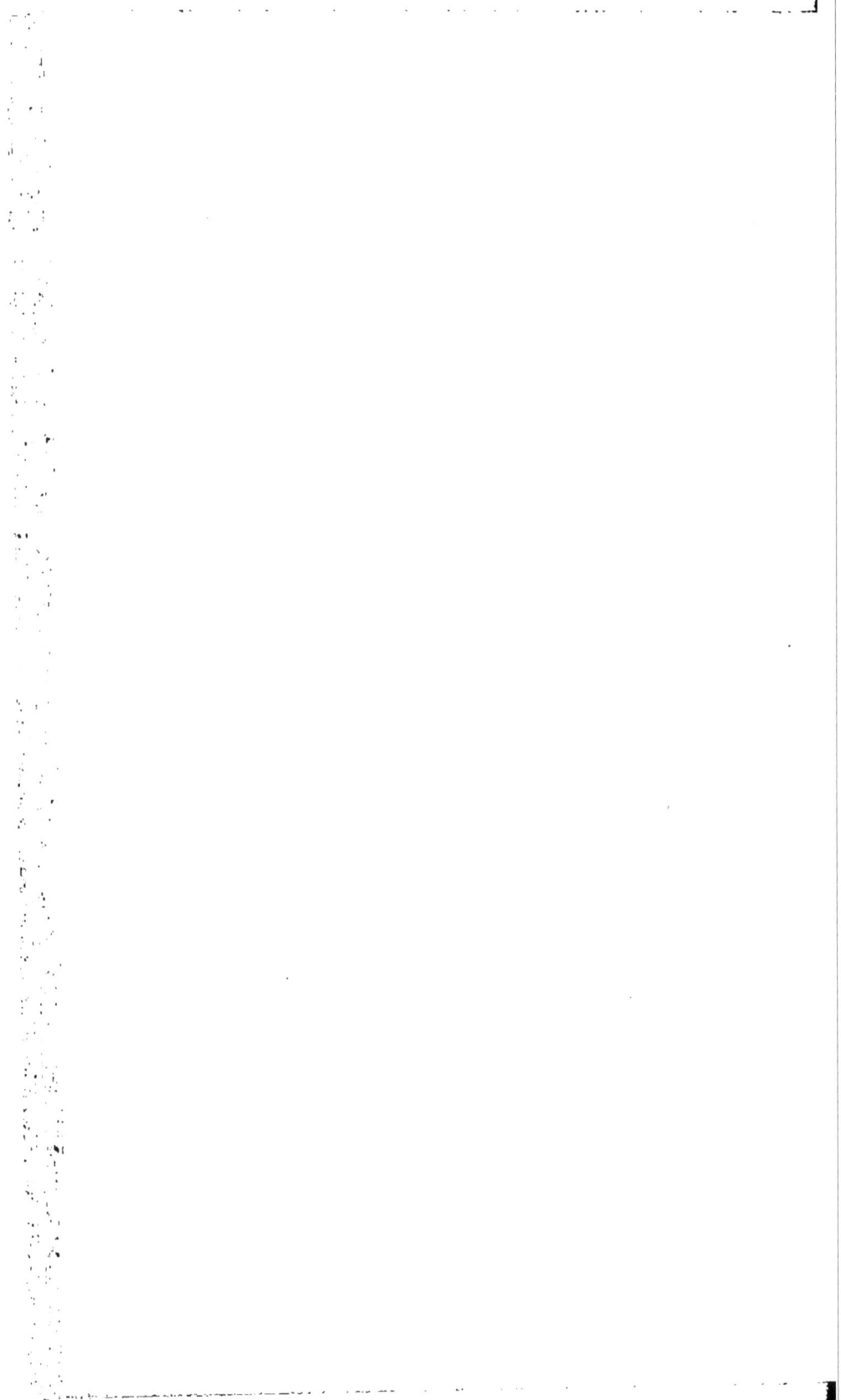

« lire, et ce fut de la même façon qu'il apprit la langue
« italienne. A chaque question, Watt avait une réponse,
« sur quelque sujet que ce fût. Son esprit était une
« véritable encyclopédie que l'on pouvait toujours con-
« sulter. Ses manières affables, le charme de sa con-
« versation lui attiraient les sympathies. »

Jusque-là, Watt ne s'était pas spécialement occupé
de la vapeur ; ce fut dans le courant de l'hiver de 1763
qu'il se trouva amené à en faire le sujet de ses études.

A ce moment déjà, pour mieux inculquer aux élèves
les principes de la mécanique appliquée, on avait doté
les Universités et collèges de modèles de machines.
Un professeur de l'Université de Glascow envoya un
petit spécimen de la machine de Newcomen au jeune
constructeur, afin de la réparer, car ce modèle n'avait
pu jamais fonctionner régulièrement. Watt, en recher-
chant les imperfections se demanda si, au lieu de refroidir le cylindre moteur même, on ne pourrait pas opérer
la condensation dans un récepteur à part, séparé du cylindre, et ne communiquant avec lui que par un tube.

On conçoit en effet, que si, au moment où le corps
de pompe est rempli de vapeur, on ouvre tout à coup
une issue à cette vapeur, à l'aide d'un robinet qui lui
donne accès dans un vase continuellement entretenu
à une basse température par un courant d'eau froide,
toute la vapeur se précipitera dans l'intérieur de ce
vase en raison même de son expansibilité. Le vide sera
obtenu de cette manière beaucoup plus promptement,
car la condensation de la vapeur appellera presque
instantanément dans le second vase toute la vapeur qui
remplissait le corps de pompe. Ainsi, la condensation
pourra s'opérer sans que jamais le cylindre soit refroidi ;

8

une économie considérable de vapeur et par conséquent de combustible sera réalisée.

L'appareil qui remplit cette importante fonction porte le nom de *condenseur*.

En inventant le condenseur, James Watt avait ajouté une chose capitale à la machine à vapeur d'alors, et il venait d'entrer dans la voie si féconde des perfectionnements qui ont illustré son nom.

Watt ajouta successivement à sa machine la soupape de sûreté de Papin, le régulateur à force centrifuge, le parallélogramme articulé, et il perfectionna le cylindre moteur ainsi que le système de distribution de la vapeur.

Ce grand génie mourut le 25 août 1819, à l'âge de 83 ans, dans toute la plénitude de ses facultés intellectuelles. De toutes parts on lui éleva des statues, et le nom de James Watt est aussi populaire en Angleterre que chez nous, celui de son prédécesseur : Papin.

Les organes principaux de la machine à vapeur avaient été créés par Watt; il ne restait à ses successeurs, aux continuateurs de sa grande œuvre, qu'à améliorer, d'après les indications de la pratique, certains détails de construction qui lui avaient échappé.

Ce fut ainsi que Woolf inventa, dans le but de réduire la dépense de combustible, la *détente*, c'est-à-dire qu'au lieu d'envoyer de la vapeur dans le cylindre pendant toute la course du piston; de travailler, comme on dit, à pleine pression; d'interdire l'entrée de la vapeur dans le cylindre lorsque le piston est à la moitié ou aux deux tiers de sa course, on emploie deux ou trois fois moins de vapeur qu'avec la marche à pleine

pression, car la vapeur se détend et possède, néanmoins, assez de force pour pousser le piston jusqu'à
la fin de sa course. On économise par là la vapeur et le
combustible qui la produit.

Les derniers perfectionnements apportés à la construction de la détente, par MM. Clapeyron et Meyer en
particulier, permettent de varier facilement le débit, et
presque toutes les machines à vapeur modernes sont
munies soit de la détente variable, soit du condenseur
(fig. 42).

Leupold, mécanicien allemand, découvrit le principe

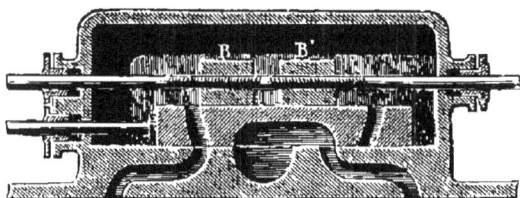

Fig. 42. — Détente Meyer.

théorique des machines à haute pression et le décrivit
vers 1725 dans un recueil de mécanique publié en allemand. La marche à haute pression est utile parce
qu'elle permet de supprimer le condenseur, en laissant
échapper la vapeur dans l'atmosphère.

Dans la machine de Watt, on emploie la vapeur
chauffée seulement à la température de l'ébullition de
l'eau, sous une pression qui ne dépasse pas de beaucoup
celle de l'atmosphère. La condensation alternative de
cette vapeur, sous les deux faces du piston, détermine
un vide qui permet à la vapeur de produire toute son
action mécanique.

Dans les machines à haute pression, la vapeur agit à une tension de deux à trois fois supérieure à celle de l'atmosphère, sur les faces du piston et s'échappe ensuite à l'air libre.

Les machines verticales ou rotatives et les locomotives sont des machines à haute pression.

Olivier Evans, constructeur américain, a construit

Fig. 43. — Machine de Leupold.

les premières machines à haute pression, et en a propagé l'emploi dans l'industrie.

Evans était ouvrier charron à Philadelphie. Ce fut après avoir longtemps observé l'effet de la vapeur d'eau dans les *canons de Noël* qu'il conçut l'idée des machines à haute pression

Voici ce qu'on appelait des *canons de Noël* :

C'étaient des tubes de métal plus ou moins longs, et que l'on bouchait solidement aux deux extrémités. A un certain endroit on laissait une lumière, par laquelle on introduisait l'eau dont on remplissait le canon. Ensuite on bouchait soigneusement et surtout solidement la lumière avec une petite cheville de bois. Cela terminé, on mettait l'extrémité du canon dans un feu violent et, au bout de quelque instants, le bouchon était chassé au dehors avec une violente détonation par l'expansion de la vapeur qui s'était formée.

Après avoir étudié ce phénomène, Olivier Evans comprit quelle était la puissance que la vapeur, élevée à un certain degré de température, était capable d'acquérir, et, au lieu de construire comme faisaient Watt et Boulton des machines marchant à une atmosphère et demie de pression, il en imagina, dont la pression ordinaire était quatre et cinq fois supérieure à celle de l'atmosphère. Trewitick et Vivian, en Angleterre, n'en édifièrent de nouvelles que longtemps après, vers 1825.

Les machines à haute pression offrent de très grands avantages sur la machine à condenseur de Watt, en ce qu'elles permettent de supprimer le lourd balancier de fonte de cette dernière en le remplaçant par une *bielle à tige articulée*, de rendre inutile le condenseur, et de régler à volonté la détente. Aussi, de nos jours, peu d'usines continuent à se servir de l'ancienne machine de Watt, ce moteur demandant beaucoup trop de place, et, sauf dans quelques mines, telles que celles du Cornouailles, les machines à haute pression, l'ont entièrement remplacé, avec un grand bénéfice sur le combustible.

IV. LES ORGANES DE LA MACHINE
A VAPEUR ACTUELLE.

Dans les machines, quelles qu'elles soient, il y a deux sortes des pièces bien différentes : les organes de mouvement, chaudière, mécanisme moteur, et les appareils de sûreté.

Dans quelle machine à vapeur que ce soit, on trouvera toujours les mêmes pièces : la chaudière, les pistons,

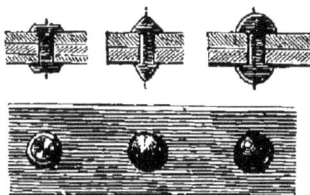

Fig. 44. — Différentes sortes de rivures : 1. Bouterolle. — 2. Pointe de diamant. — 3. Goutte de suif.

les volants et poulies de transmission, le régulateur à boules, les tiroirs, les excentriques, les bielles et enfin le bâti ; on trouvera aussi comme instruments de sûreté, les soupapes, le manomètre, le tube de niveau d'eau, les robinets de jauge, le sifflet d'alarme avec flotteur et quelquefois aussi les plaques fusibles. Aussi, comme nous l'avons déjà dit, une machine à vapeur ne change

pas, qu'elle soit verticale ou horizontale ; la disposition
de ses organes seule varie.

La chaudière est ordinairement en tôle d'acier d'une
grande épaisseur pour mieux résister aux pressions

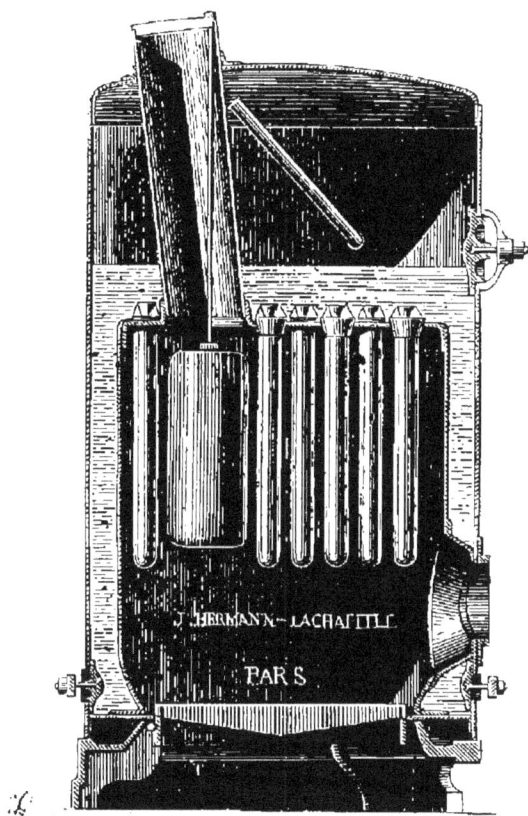

Fig. 45. — Coupe de la chaudière Field.

intérieures qu'elle a à subir. On la *rive* à chaud pour
mieux réunir l'épaisseur des deux tôles et prévenir
les fuites. Les rivures sont dites en *bouterolle* si la
tête est plate, en *pointe de diamant* si elle est coni-

que et en *goutte de suif* si elle est hémisphérique
(fig. 44). La forme la plus employée et la plus solide
est la *goutte de suif*. Elle résiste mieux au *cisail-
lement*.

Une formule algébrique très simple permet de calculer facilement l'épaisseur de la chaudière d'après la
pression en atmosphères qu'elle doit subir. Avant d'être
livrée à l'industrie une chaudière est toujours essayée à
froid, sous une pression triple de celle qu'elle doit régulièrement supporter, et ce, au moyen de la presse
hydraulique. Le timbre en relief, placé sur le corps de
la chaudière, indique ce chiffre en kilogrammes de pression, par chaque centimètre carré de surface.

C'est à Watt qu'on doit l'idée de recouvrir, afin
d'éviter les pertes de chaleur par rayonnement, la
chaudière d'une *chemise* en bois.

D'après leur destination, les chaudières sont diversement agencées. Par exemple, les chaudières de locomotives sont tubulaires, afin d'augmenter la surface de
chauffe. C'est à M. Marc Séguin, ingénieur français,
qu'on est redevable de cette invention.

Les locomobiles, fixes et demi-fixes, possèdent quelquefois également des chaudières tubulaires, ordinairement du système Field et Belleville (fig. 45.)

Les chaudières des machines verticales de M. Hermann-Lachapelle sont à bouilleurs entre-croisés; c'est-
à-dire que le foyer intérieur, d'une vaste capacité, est
traversé en tous sens de tubes énormes remplis d'eau
et communiquant avec la chaudière. Par suite de la
grande surface opposée à la flamme, la mise en pression est extrêmement rapide. Un avantage plus précieux
est la combustion entière de tous les gaz de la fumée,

ce qui amène une économie notable de charbon. Dans les petites machines, les bouilleurs sont au nombre de deux; dans les grandes, il y en a quatre et quelquefois six (voir fig. 46).

Les générateurs de vapeur, pour machines fixes, présentent aussi une disposition particulière. Ils se composent de trois parties fixées dans un massif en briques ou en maçonnerie : les deux bouilleurs et la chaudière

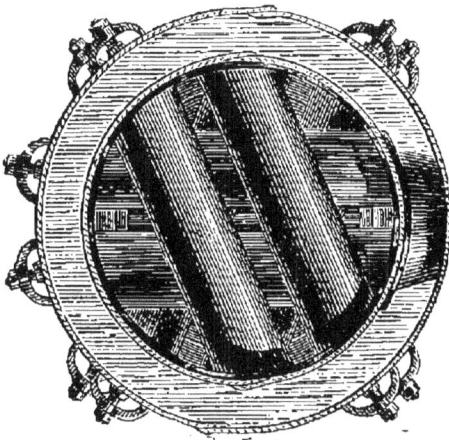

Fig. 46. — Coupe en plan de la chaudière à bouilleurs entre-croisés Hermann-Lachapelle.

proprement dite. C'est surtout dans les fortes machines à balancier, que sont ainsi disposés les générateurs[1].

Il y a aussi les *chaudières marines* à retour de flammes, dans lesquelles les tubes reviennent sur euxmêmes de façon à faire retourner la flamme jusqu'au dessus du foyer. Enfin, on commence à se servir des chaudières dites en *serpentin*.

[1] Voir, pour plus de détails, le livre *La Vapeur* de M. Amédée Guillemin, Bibliothèque des Merveilles.

Les *tiroirs* et les *pistons*, parties essentielles du mécanisme, ont été souvent modifiés depuis leur invention. Pour bien comprendre le jeu d'une variété de tiroirs, dits à coquille, il est nécessaire de se reporter à la figure 47, où les flèches indiquent la marche suivie par la vapeur.

Lorsque la vapeur est admise et remplit la boîte

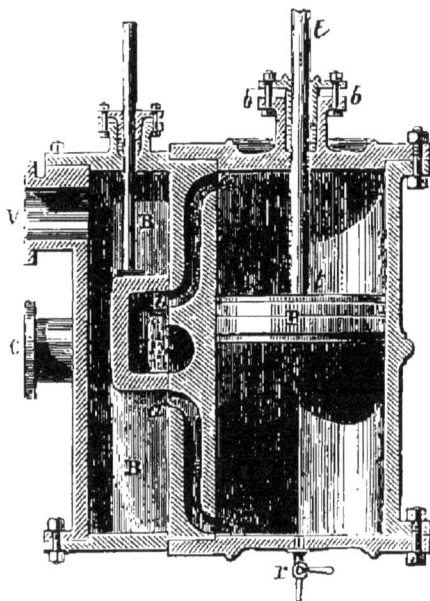

Fig. 47. — Tiroir à coquille.

à vapeur B le tiroir débouche l'orifice supérieur A et la vapeur se précipitant dans le cylindre appuie sur a face du piston et le force à descendre. En même temps que le piston descend, l'arbre auquel il communique son mouvement par l'intermédiaire d'une bielle montée sur une manivelle, l'arbre tourne, et fait mouvoir l'excentrique relié à la tige du tiroir. A mesure donc

que le piston descend, le tiroir remonte et ferme
l'orifice supérieur. C'est alors que la détente se produit et que la vapeur rend le reste de son effet utile
et pousse le piston à fin de course. Quand ce dernier

Fig. 48.
Bielle
ordinaire.

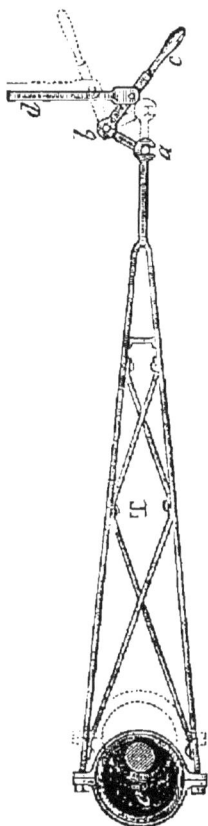

Fig. 49.
Tige-bielle
d'excentrique.

effort est terminé, la fluide s'échappe par l'issue supérieure, passe par le tuyau d'échappement de vapeur et
va enfin se perdre, soit à l'extérieur, soit dans un condenseur.

Quand ce fait se produit, la seconde ouverture est débouchée, la vapeur afflue sous l'autre face du piston qu'elle repousse à sa position première, puis la même chose se répétant, arrive à former un travail continu actionnant uniformément l'arbre moteur.

Le *volant*, est une roue, ordinairement en fonte servant par son *ballant* et la vitesse qu'elle acquiert en tournant, à régulariser le mouvement et éviter les chocs brusques pour l'arrêt. On ne peut calculer les dimensions ou le poids d'un volant, et on est forcé pour cela de s'en rapporter un peu au hasard et aux indications de la pratique.

Avec le volant on trouve presque toujours la poulie de transmission, roue fort large, en fonte polie ou en fer, et légèrement bombée pour mieux retenir la courroie, avec laquelle on transmet le mouvement circulaire aux appareils à actionner.

Les *bielles* (fig. 48) sont des pièces d'acier, larges et plates, qu'il ne faut pas confondre avec les *tiges* (fig. 49) cylindriques et renflées par le milieu. Les bielles sont munies d'une *tête* en cuivre poli, supportant ordinairement un graisseur pour éviter son échauffement. Mauldslay, constructeur anglais, a inventé la bielle articulée qui permet de supprimer le balancier encombrant de Watt et de le remplacer par deux glissières dans lesquelles monte et descend la bielle, avec un mouvement élégant.

Les *excentriques* (fig. 50) se composent du *collier*, et de l'*anneau*, emboîtés et tournant l'un dans l'autre. L'anneau est claveté sur l'arbre et la tige est fixée sur le *collier*.

Il y a des excentriques de toutes formes, à anneau

plein ou évidé. Dans tous, chose à observer, le graissage doit être excessivement régulier pour éviter le
grippement des surfaces frottantes.

Toutes les pièces ont leur importance dans une machine à vapeur. Les grilles, les trous d'homme, les
bagues, les presse-étoupes, l'injecteur, les pompes,
les moindres boulons sont rigoureusement calculés et
leur place en est déterminée avec la même justesse.

Dans les grilles il faut calculer l'intervalle à laisser

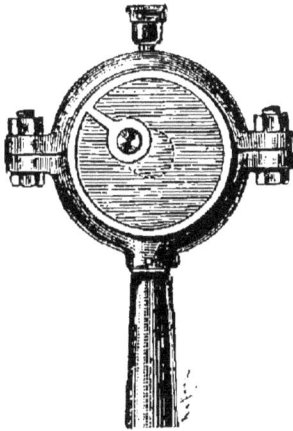

Fig. 50. — Excentrique.

entre les lames, pour avoir un tirage énergique, chose
nécessaire dans les chaudières actuelles qu'il faut
chauffer dans le plus petit minimum de temps.

Les *trous d'hommes* sont des ouvertures pratiqués
dans la tôle de la chaudière pour faciliter son nettoyage
intérieur. En effet, lorsque l'eau a bouilli longtemps,
elle laisse par le fait de son évaporation un dépôt
terreux et calcaire sur les parois. Ce sont les *incrustations* que l'on empêche de se former en mélangeant à

l'eau du générateur des râclures de pommes de terre, de l'argile délayée ou des fragments de métal.

Malgré cela, s'il reste une légère croûte à l'intérieur, le chauffeur dévisse le boulon, il enlève la plaque qui bouche l'ouverture, et, introduisant son bras par ce trou, il brosse et nettoie facilement les parois. Une fois cette opération achevée, il revisse la plaque et les fuites sont impossibles.

Les pièces secondaires sont en assez grand nombre. Néanmoins, passons-les en revue :

La *plaque d'assise* ou de *fondation* est en fonte. Elle supporte toute la machine et c'est elle que l'on boulonne sur le massif destiné à recevoir l'appareil.

Le *socle* est également en fonte, plein et coulé d'un seul bloc, ou creux et agrémenté de nervures et d'ouvertures.

Le *bac réchauffeur* est un réservoir contenant l'eau d'alimentation. Il est appelé réchauffeur, parce que la vapeur provenant de l'échappement passe dans sa double enveloppe et élève la température de l'eau qu'il contient avant que celle-ci soit envoyée à la chaudière.

Les *tuyaux d'amenée de vapeur* sont quelquefois en cuivre, mais le plus souvent en fonte. Ils sont alors entourés d'une épaisse gaîne de chanvre, parfois d'une simple corde roulée en anneaux serrés, afin de s'opposer aux déperditions de chaleur.

Les *registres*, munis d'une *clef* se manœuvrant de l'extérieur, sont disposés à l'intérieur des cheminées. Ils servent à modérer le tirage ou à l'augmenter. Les locomotives en possèdent deux ; un à l'intérieur du tuyau, l'autre au sommet.

La coulisse de Stephenson, ainsi appelée du nom

de son inventeur, est l'appareil qui sert à changer, à intervertir le sens de rotation du volant de la machine fixe ou de la roue de la locomotive. Ce fait s'opère par suite du changement de position des excentriques des tiroirs, et du sens de la distribution de vapeur. La coulisse de Stephenson se manœuvre, dans les machines fixes, au moyen d'un levier, dans les locomotives, avec un volant. Elle est remplacée, dans les bateaux à vapeur, par *l'embrayage*.

On appelle *régulateur* dans les locomotives, la *valve* qui donne accès à la vapeur dans les cylindres. Il a la forme circulaire ou encore en étoile. Dans ce dernier cas, il est dit *à papillon*. Le régulateur se manœuvre par l'intermédiaire d'une tige et d'un levier, ou tout simplement d'une *manette*.

La *crosse* du piston est la partie articulée qui frotte sur les glissières.

Les *ringards* sont les longues tiges de fer droites au moyen desquelles le chauffeur tisonne le feu.

Les *paliers* sont les supports qui soutiennent l'arbre de transmission. Ils se composent du *corps* du *chapeau*, boulonné par-dessus et des coussinets en bronze qui soutiennent l'arbre. Les paliers sont en fonte et munis de deux écrous et d'un godet graisseur. Ils sont soutenus par les *chaises*.

Les *arbres* sont en acier, quelquefois en fer. Ce sont eux qui transmettent le mouvement aux appareils à actionner. Ils supportent les *poulies* et les *volants*.

Les arbres sont quelquefois coudés, et c'est sur ces *coudes* que s'articulent les têtes de bielles. D'autres fois ils reçoivent le mouvement par l'action d'une *manivelle* qui fait corps avec eux. Alors c'est sur le *bouton de la manivelle* que pivote la bielle et que s'exerce tout l'effort.

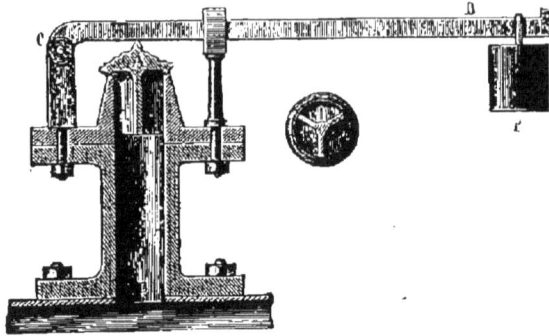

Fig. 51. — Soupape de Papin.

Les *graisseurs* sont de formes et de dispositions

Fig. 52. — Arrière d'une locomotive, soupape, balance et sifflet.

infinies. Les principaux sont les *graisseur à boules*. On introduit l'huile dans la boule supérieure et elle

arrive en passant par les deux autres sphères au piston
à lubrifier. Il y a le *graisseur à chapeau*, celui à
ressort, à vis, etc., etc. Les variétés en sont innombrables.

Les *presse-étoupes* et leurs *garnitures* sont destinés
à prévenir les fuites de vapeur par le trou de la tige
du tiroir. Les pompes sont également pourvues de
presse-étoupes.

Les *boulons* se vissent sur les parties filetées des
écrous qu'ils servent à rapprocher et à serrer. Les écrous
à six pans sont dits à chapeau et sont quelquefois munis
d'une clavette. Il y a des *écrous à oreilles* et d'autres
à *entailles*. Enfin ils se vissent et se dévissent au
moyen d'une *clé anglaise*, soit à vis et à marteau, soit
à levier.

Passons aux appareils de sûreté : la *soupape* (fig. 51)
fut inventée par Papin qui l'utilisa dans son digesteur pour connaître la force de la vapeur à l'intérieur
de sa marmite. Sa construction n'a pas changé et elle
est employée surtout dans les bateaux à vapeur et les machines fixes. Pour les locomotives et les machines verticales on se sert de la *balance* (fig 52), ou soupape à
ressort. La première se règle en avançant plus ou moins
le poids le long de la tige du levier ; la seconde en serrant plus ou moins la vis qui appuie sur la branche.
Lorsque la pression de la vapeur devient trop forte, le
ressort cède, le levier se soulève, la quantité superflue
de vapeur s'échappe et, aussitôt que la pression décroît, le levier retombe et la soupape se referme.

La *plaque fusible* n'a pas cet avantage ; lorsque par
l'action d'un feu trop violent elle fond, l'eau de la
chaudière tombe sur le feu et l'éteint. Il faut alors

remplacer la plaque, rallumer le feu, et remplir de nouveau la chaudière. C'est une perte de temps quelquefois grave. Pour un navire qui va entrer dans le port, par exemple, quel dommage n'éprouverait-il pas s'il était subitement privé de son moteur ! Aussi la plaque ou rondelle fusible est-elle abandonnée partout maintenant et en est-on revenu à la soupape de sûreté.

Un appareil indispensable et que possèdent toutes les machines à vapeur est le *manomètre*. Dans les pre-

Fig. 53. — Manomètre à air
comprimé.

Fig. 54. — Manomètre métallique
Bourdon.

miers temps on se servait de manomètres à mercure, mais aujourd'hui on ne voit plus, dans toutes les machines, que le manomètre métallique. Le manomètre à mercure était dit à air libre lorsque le tube était ouvert à son extrémité, et à air comprimé (fig. 53) lorsque l'extrémité en était fermée. Lorsqu'on mettait la vapeur de la chaudière en communication avec ce tube à moitié plein de mercure; elle soulevait le métal et d'après

sa hauteur on jugeait de la pression. Cette pression
était calculée en atmosphères.

On sait ce que c'est qu'une *atmosphère*. C'est le
poids d'une colonne d'air de *un centimètre carré* de
base, environ 1 kilogramme 33 grammes. Si l'on dit

Fig. 55. — Tube de niveau d'eau.

qu'une machine marche à cinq atmosphères, la pression
de la vapeur sur les parois intérieures du générateur
est de cinq fois le poids de l'atmosphère ou de 6 kilogrammes 75 par centimètre carré de surface.

Les manomètres métalliques principalement usités
sont ceux de MM. Bourdon (fig. 54), Ducomet et Des-
bordes. Dans ces systèmes, la vapeur arrivant par le

tuyau appuie sur un ressort communiquant avec une aiguille indicatrice. D'après l'effort exercé par la vapeur, le ressort cède plus ou moins et l'aiguille dévie dans le sens de la verticale.

M. Cailletet, savant chimiste, a construit un manomètre destiné à mesurer les fortes pressions de 100 à 500 atmosphères. C'est un mince tube de verre, très élastique et enroulé en spirale comme un ressort de montre. Cet ingénieux appareil a donné des résultats satisfaisants.

Un appareil de sûreté que l'on voit partout est le *niveau d'eau* (fig. 55). Un tube creux en cristal, serré entre deux presse-étoupes muni de deux robinets, est fixé sur la chaudière. Par suite de la théorie des vases communiquants, l'eau dans le tube est toujours à la même hauteur que dans la chaudière. Le chauffeur voit par là s'il y a trop peu ou trop d'eau dans la chaudière, et il alimente d'après cette indication.

Si, par suite de la trop grande chaleur de l'eau, le tube de cristal vient à casser, on ferme les deux robinets et on le remplace facilement. Lorsque la machine cesse de fonctionner, on ouvre le robinet de vidange et l'eau s'échappe.

Pour obvier à l'inconvénient qui résulte de la rupture du tube, un ingénieur français, M. Damourette, a inventé le porte-tube séparateur (fig. 56) perfectionnement de la clarinette de niveau d'eau.

Dans ce système, l'eau bouillante remplit un côté du gros tube de bronze, et la vapeur l'autre côté, de façon que lorsque les fluides arrivent dans le tube de cristal ils sont beaucoup refroidis, et dans aucun cas ne peuvent provoquer sa rupture Les robinets placés sur le côté de la clarinette permettent de connaître à tout moment la hauteur de l'eau à l'intérieur du générateur.

A mesure que par l'action du feu, l'eau se vaporise, elle s'épuise et il faut la remplacer. Aussi est-il juste de dire quelques mots des principaux modes d'alimentation.

Le plus souvent on se sert des *pompes alimentaires*.

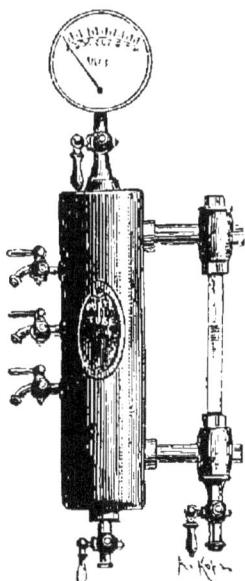

Fig. 56. — Porte-tube séparateur Damourette.

Ce sont de simples pompes aspirantes et foulantes aspirant l'eau du bac réchauffeur et la refoulant dans la chaudière malgré la pression intérieure de la vapeur. Les pompes alimentaires sont au nombre de deux, outre le Giffard, dans les locomotives. Dans les locomobiles et les machines fixes il y en a une seule, mise en action par la tige d'un excentrique monté sur l'arbre de couche.

Le robinet avec flotteur n'existe plus guère. Le jeu de cet appareil était fort bien imaginé. C'était un simple robinet placé à l'extrémité du tube d'amenée d'eau, et qui s'ouvrait et se fermait plus ou moins par l'action du flotteur, demi-sphère en zinc placée à la surface de l'eau. Lorsque le niveau du liquide baissait, le flotteur descendait et faisait ouvrir le robinet. Alors l'eau coulait, le niveau remontait, le flotteur avec lui; quand il était revenu au point voulu, le robinet se fer-

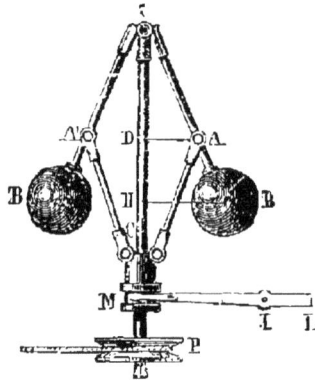

Fig. 57. — Modérateur de Watt à force centrifuge.

mait, et il en était ainsi tout le temps du travail de la machine.

L'alimentateur automatique de MM. Fromentin et Cie doit être aussi mentionné; il est ingénieusement combiné et son seul défaut est de ne guère pouvoir être employé que pour les fortes machines fixes ou marines. Il n'a pas la simplicité ni la marche agréable de l'injecteur. C'est là le seul reproche qu'on puisse faire à cet appareil pourtant fort utile dans un grand nombre de cas.

C'est à un savant ingénieur, M. Henri Giffard, que

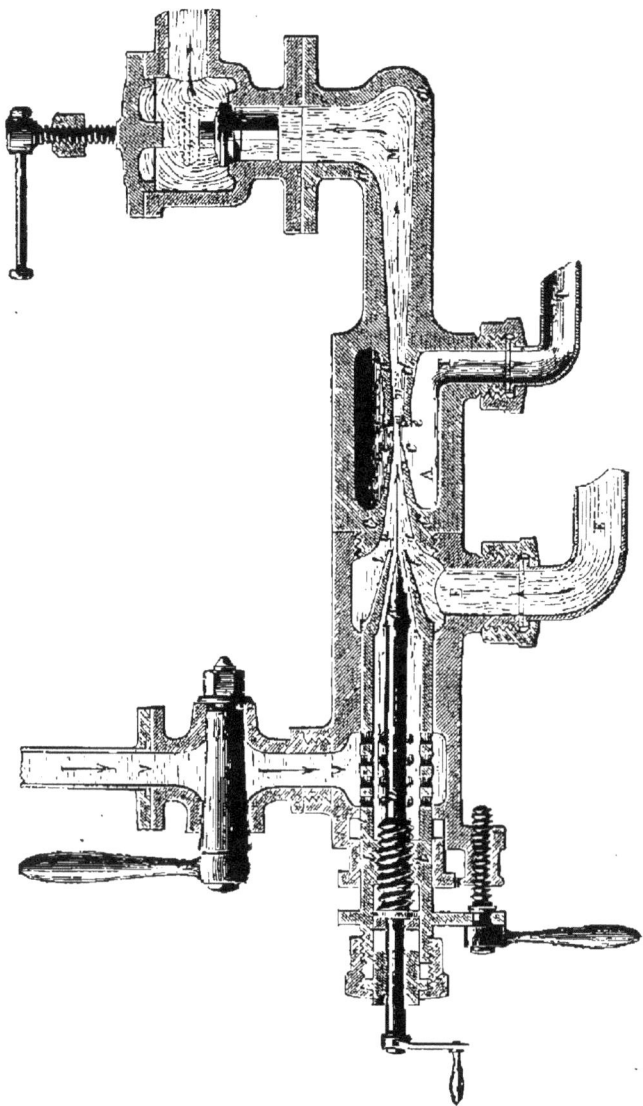

Fig. 58. — Coupe de l'injecteur Giffard.

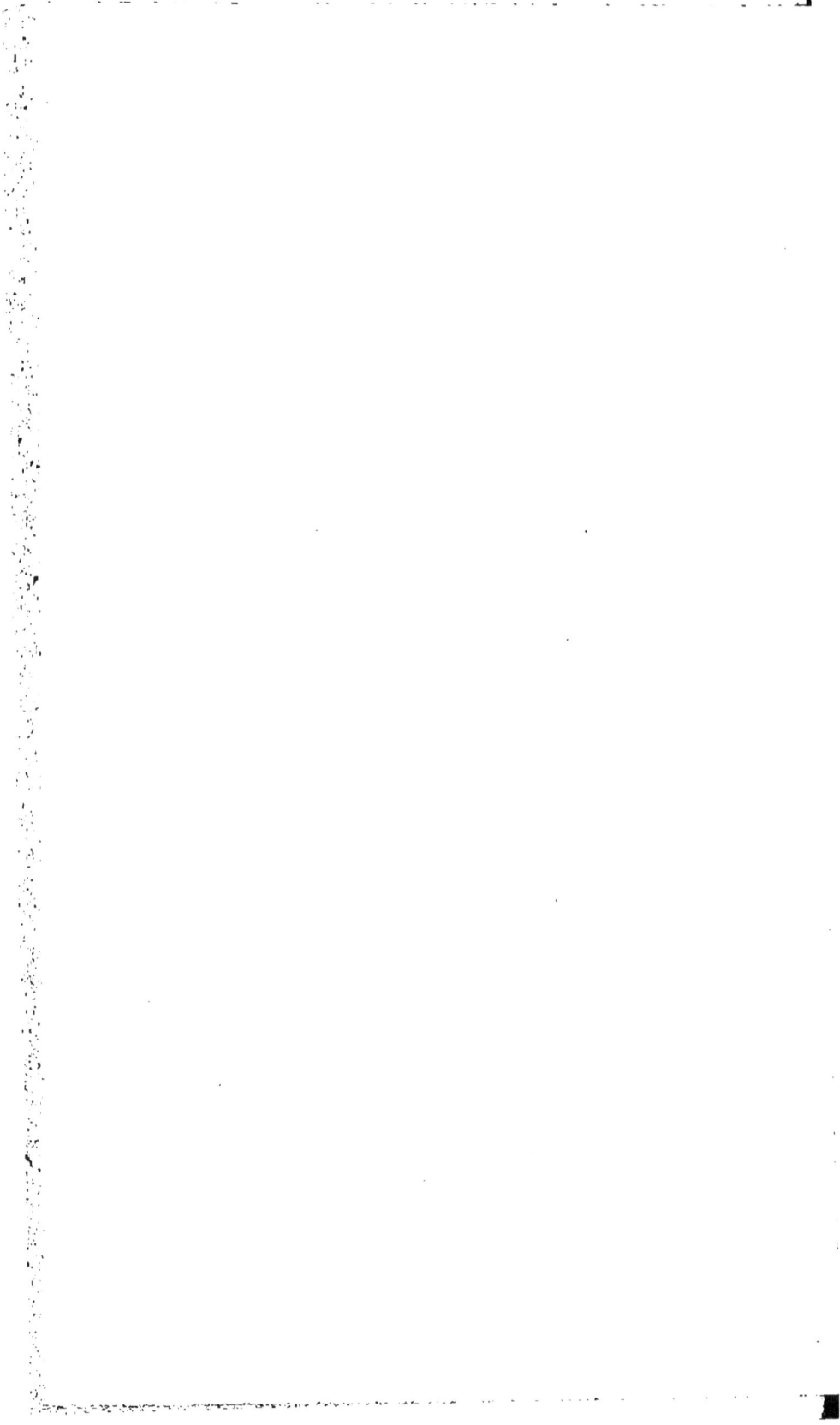

la mécanique doit l'*injecteur* (fig. 58), dont la manœuvre est des plus simples, de même que la construction. Une tuyère se manœuvre au moyen d'une manivelle et lorsqu'elle donne passage à la vapeur, cette dernière produit un vide énergique que vient combler l'eau d'aspiration, pénétrant dans la chaudière par une soupape d'une construction particulière. L'injecteur a été perfectionné depuis sa première apparition. On peut voir partout les injecteurs Vabe, Koerting, Moret et Cie, Fourneyron et Cie, etc. Dans quelques systèmes il est pourvu d'un tuyau réchauffeur.

Un organe qu'on trouve dans les machines à vapeur, fixes ou locomobiles, est le *modérateur* (fig. 58) ou régulateur d'entrée de vapeur. Le premier fut inventé par le célèbre Watt qui le construisait très simplement.

Il consistait tout simplement en deux boules de métal pesant, qu'un engrenage faisait tourner. La force centrifuge développée les écartait plus ou moins et, par le moyen d'une tige, communiquant avec une valve, réglait l'entrée de la vapeur et empêchait la vitesse d'augmenter ou de diminuer. De là le nom de régulateur. Lorsque la vitesse diminue, les boules se rapprochent, la valve ou clapet s'entr'ouvre un peu plus. Comme il sort alors plus de vapeur, on regagne cette perte. De même si la vitesse s'accélère, les boules s'éloignent par l'effet de la force centrifuge, la soupape se referme et cette augmentation se trouve compensée. On a changé bien des fois la forme et la disposition du régulateur ; on a fait les boules aplaties, on a mis un lourd contrepoids au milieu, mais rien n'a donné la marche régulière du premier régulateur de Watt, à force centrifuge.

Pour prévenir les accidents lorsque l'eau manque dans la chaudière et que le mécanicien occupé ailleurs ne voit pas le danger, quelques usines emploient le *flotteur à sifflet d'alarme*. Dans cet appareil, lorsque l'eau baisse, le flotteur descend avec elle et débouche l'entrée du sifflet. La vapeur s'échappe aussitôt, et rencontrant le bord tranchant de la coupe supérieure, la fait vibrer avec un bruit aigu qui appelle aussitôt l'attention du chauffeur sur le manque d'eau.

Dans les machines dont nous allons étudier la construction, nous rencontrerons à chaque pas ces divers organes, arrangés différemment pour le meilleur rendement de travail et la plus grande économie de combustible. Il était donc nécessaire de connaître ces pièces une à une avant d'étudier l'ensemble de leur jeu.

V. LES MACHINES MODERNES

I. Machines horizontales

Les dispositions du mécanisme moteur dans les machines à vapeur, varient d'après la destination de chacune d'elles.

C'est ainsi que la disposition horizontale a été adoptée

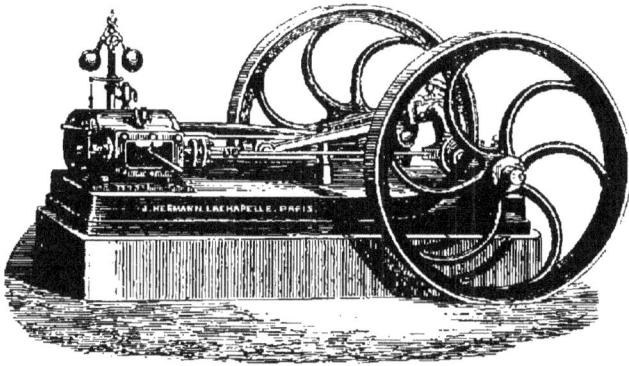

Fig. 59. — Machine horizontale à deux volants.

pour les machines fixes puissantes, celles d'usines importantes où la force à transmettre n'est pas moindre de deux cents chevaux-vapeur. Pour les petites industries, n'ayant besoin que de cinq à vingt-cinq chevaux on préfère la machine verticale. Pour les grandes vitesses

exigées par les ventilateurs, les pompes rotatives, essoreuses, etc., on se sert plutôt de la machine rotative.
Enfin dans quelques cas particuliers, on a recours à
d'autres dispositions spéciales, que nous étudierons au
fur et à mesure.

Dans tous les systèmes où le moteur est horizontal,
le générateur est à part. Le fluide arrive par un tube
muni d'une valve d'introduction, au mécanisme moteur.
Le tiroir agit horizontalement, le piston de même, le
volant tourne et la transmission est directe. La forme
d'une machine horizontale varie peu. Le socle en fonte
est à jour quelquefois, plein et agrémenté de nervures
le plus souvent. La valve se manœuvre dans quelques
machines au moyen d'un petit volant et quelques-unes
ont des condenseurs. Tous ces systèmes marchent avec
détente. Mais la disposition générale ne change guère.
Nous citerons comme types généraux les machines
Farcot, Corliss à condenseur, dans lesquelles la dépense
de combustible peut descendre à 1 kilogramme par
cheval-vapeur et par heure de travail. On a pu voir à
l'exposition de 1867, une variété de machine horizontale
d'une puissance de 6 chevaux, du système May, et dans
laquelle les principes qui ont fait le succès des machines marines Compound, étaient appliqués. Elle était
à deux cylindres; la vapeur agissait directement sur le
volant, en passant alternativement dans les deux
cylindres, communiquant par un tuyau réchauffeur. Elle
a été adoptée pendant quelque temps, mais la pratique
n'ayant pas répondu, comme il arrive parfois, à la
théorie, ce système a été entièrement rejeté, et c'est à
peine si l'on en voit quelques rares spécimens chez
les mécaniciens-constructeurs.

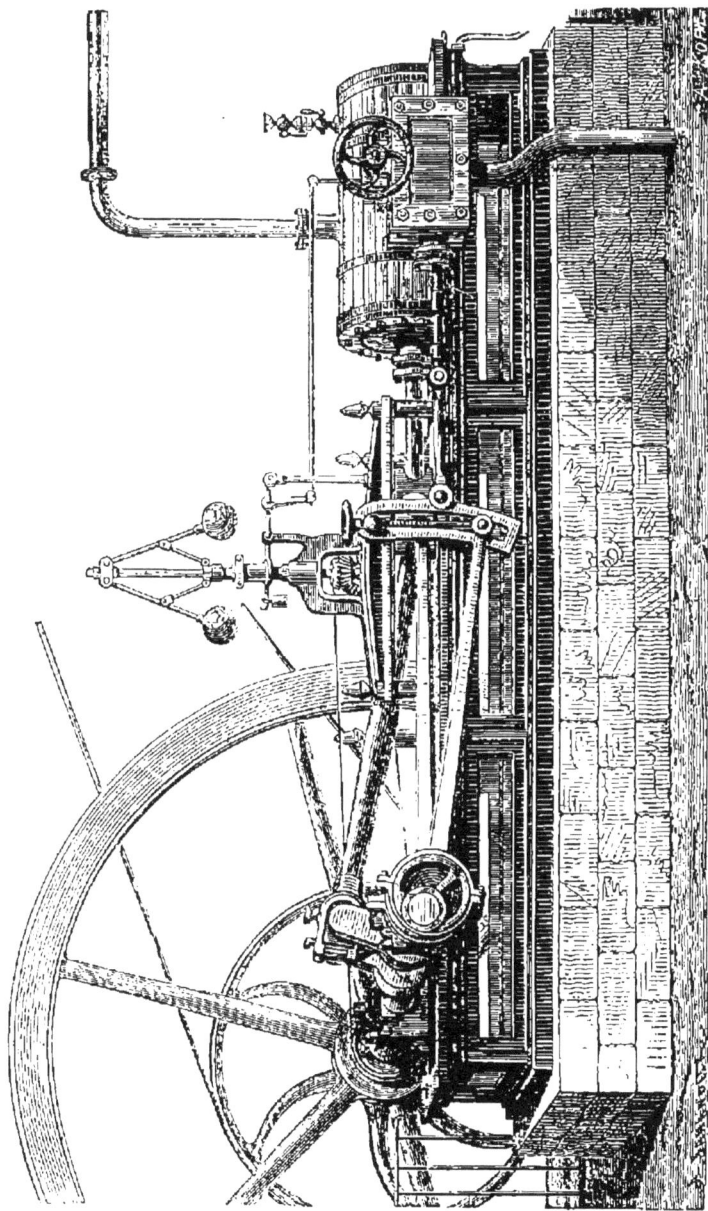

Fig. 69. — Machine à vapeur horizontale munie de la coulisse de Stephenson.

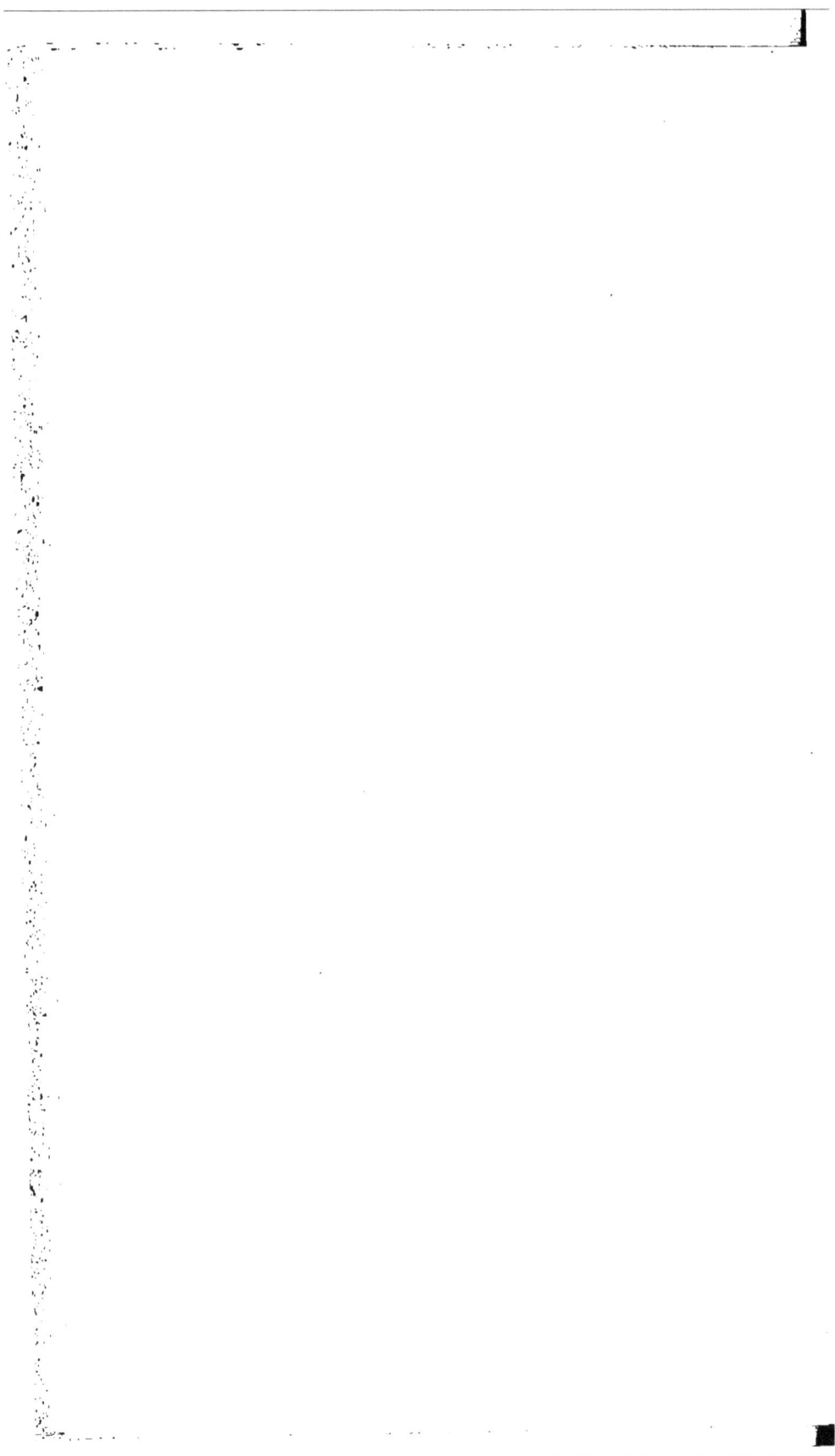

II. Machines verticales

C'est bien plutôt dans les moteurs à vapeur verticaux que les constructeurs ont varié les détails de l'agencement des diverses pièces les composant.

Dans les premières machines verticales construites, le générateur était à part et le mécanisme était monté

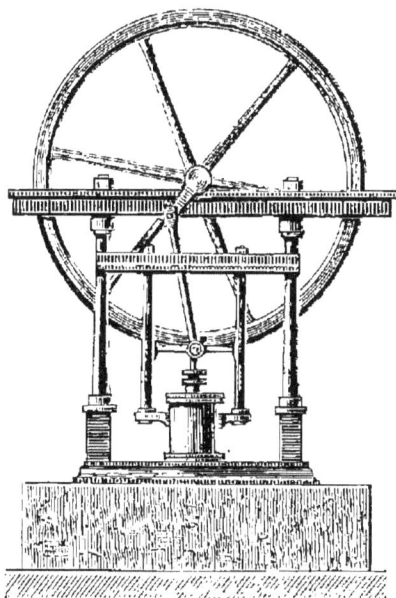

Fig. 61. — Machine verticale.

sur un socle de pierre de taille. Cette fâcheuse disposition qui séparait les deux parties de la machine a pu être abandonnée depuis et aujourd'hui le mécanisme moteur est réuni à la chaudière, parfois même fixé sur elle.

Les premières machines verticales furent importées

d'Angleterre où elles étaient construites par l'ingénieur Fairbairn. Sur le piédestal, en maçonnerie, sont fixées deux colonnes supportant l'entablement (fig. 61). L'arbre du volant est soutenu à ses extrémités par deux paliers dans lesquels il tourne. Le piston donne le mouvement directement au coude de l'arbre, au moyen de la tige

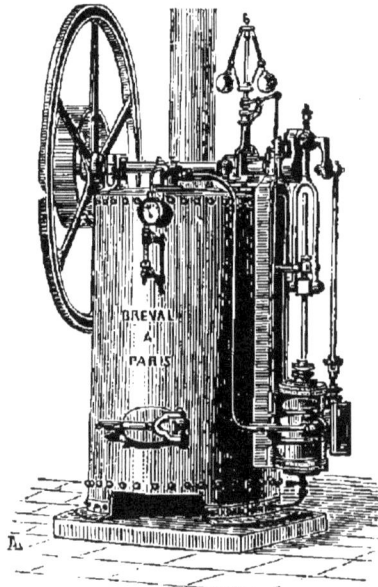

Fig. 62. — Machine Bréval.

articulée. Le modérateur à boules reçoit son mouvement de deux engrenages d'angle et agit sur la tige communiquant avec la valve d'entrée de vapeur. Ces machines admettent la détente variable. Leur seul inconvénient est d'être séparées du générateur, et de causer des pertes de fluide dans le tuyau d'amenée de vapeur.

Dans les machines verticales actuelles, systèmes Hermann-Lachapelle, Bréval (fig. 62), Beaume, le cylindre, avec son tiroir, les paliers, le régulateur à force centri-

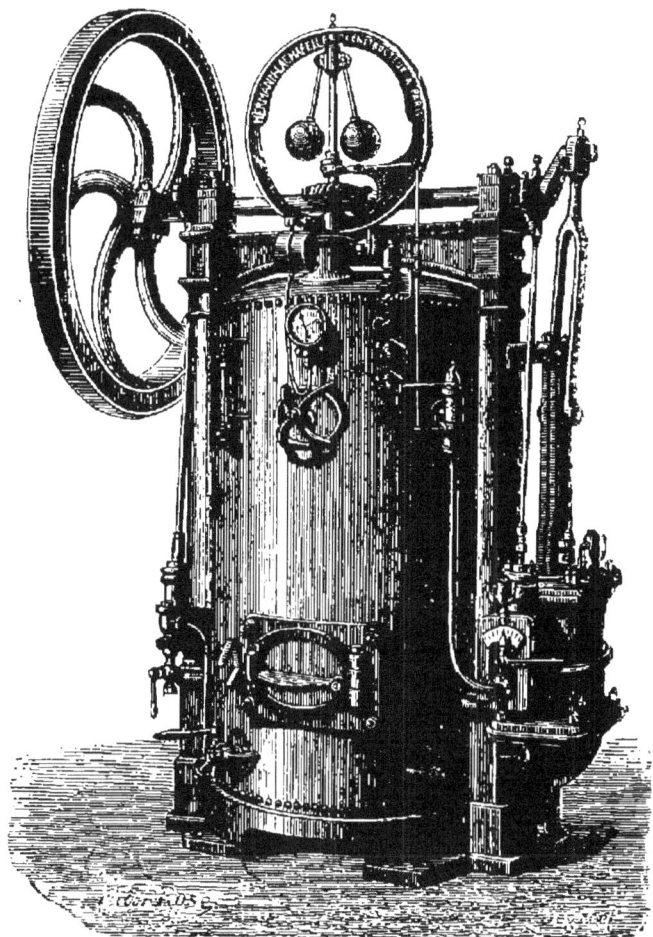

Fig. 63. — Machine verticale de Hermann-Lachapelle.

fuge, le volant sont placés sur le corps même de la chaudière.

Les dispositions générales varient peu, sauf dans quelques-unes, celles de MM. Moret et Broquet et Chau-

10

dré, où le mécanisme de transmission est placé sur le socle de fonte qui supporte le générateur.

Dans la machine de M. Hermann-Lachapelle (fig. 63), pour éviter les trépidations toujours funestes à la chaudière, tout le mécanisme se trouve sur un bâti isolateur. C'est-à-dire que la chaudière est complètement isolée et à l'abri des secousses. Ce bâti qui l'entoure sans la toucher, est en fonte, ce sont deux simples piliers avec un entablement faisant corps avec le socle par conséquent d'une rigidité parfaite. C'est sur ce bâti qu'est fixée la pompe d'alimentation. On ne construit jamais de puissantes machines verticales, leur force varie entre un et vingt-cinq chevaux, jamais plus.

Il y a aussi le type de machine verticale dite *à pilon* (Hermann-Lachapelle et Cⁱᵉ, constructeurs). Dans cette disposition, la chaudière est montée sur une plaque de fonte formant assise. Sur sa paroi, sans socle-bâti-isolateur, est fixé le cylindre moteur et son tiroir. Le piston joue, à l'inverse des autres machines verticales, de haut en bas, et la tête de la bielle articulée est montée à pivot sur un petit volant plein et plat, en acier poli. L'arbre et le volant de transmission sont supportés par deux paliers fixés sur l'assise elle-même, ce qui permet de transmettre le mouvement de haut en bas. Comme il n'y a ni coudes ni manivelles, le mouvement du volant est exceptionnellement doux et régulier, ce qui est absolument nécessaire pour le bon fonctionnement de plusieurs appareils.

La disposition verticale à pilon est utile, parce que c'est une machine essentiellement mobile, transportable et portative. Elle se boulonne instantanément à son arrivée à l'atelier où elle doit travailler.

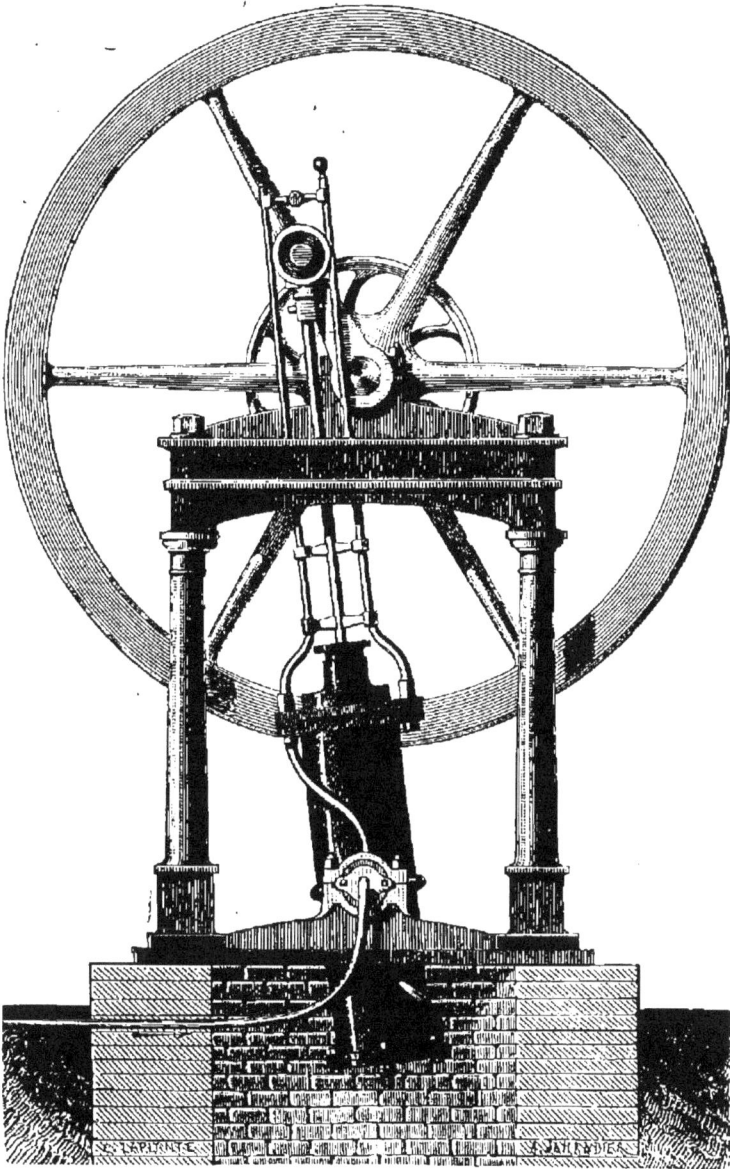

Fig. 64. — Machine à cylindre oscillant Cavé.

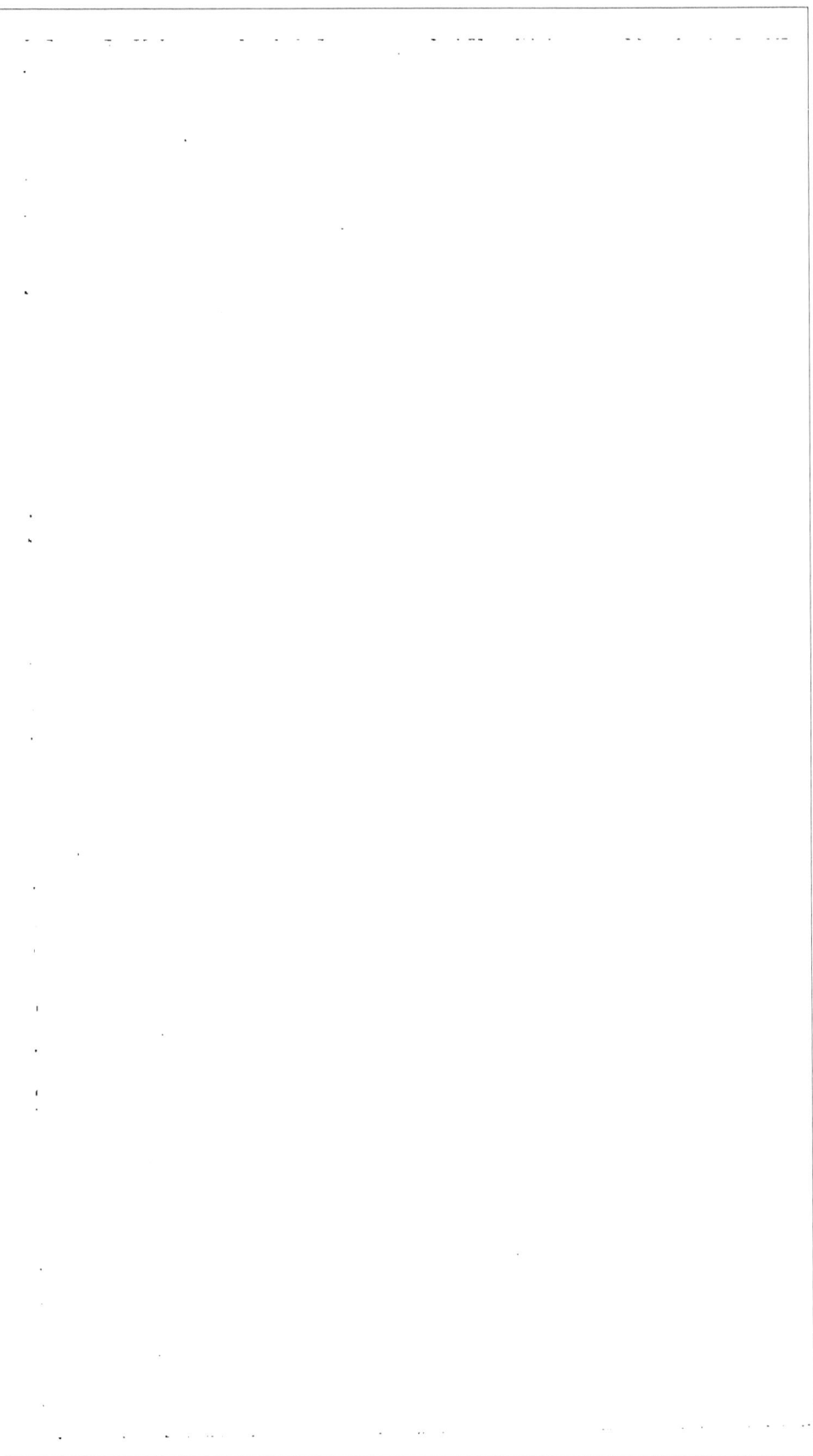

On peut ranger dans la catégorie des machines verticales celles dites à cylindre oscillant, dont l'usage, général en 1840, est de plus en plus abandonné maintenant. Il y en avait deux types; celles oscillant sur un axe placé au milieu de la longueur et celles oscillant sur un axe situé à l'extrémité. Dans les premières construites par MM. Cavé (fig. 64), Tamisier, Kientzy et Stolz fils, le cylindre, retenu au milieu par deux pivots, suivait le mouvement de la manivelle. La vapeur arrivait par un de ces pivots et agissait sur le piston. Ces machines étaient toutes à détente variable et à condensation.

Les secondes, des systèmes Fèvre, Leloup, Frey et Farcot, oscillent à leur extrémité inférieure. Leur pivot est une sorte de rotule sphérique, dans laquelle sont pratiquées deux lumières par où arrive et s'échappe la vapeur.

Cette construction a été perfectionnée, mais au lieu de donner des résultats meilleurs, les rotules ensuite perfectionnées devinrent trop compliquées, d'une exécution difficile et d'une usure rapide. Aussi ne tarda-t-on pas à les abandonner.

Les machines oscillantes étaient alors très utiles, permettant, comme elles le faisaient, de supprimer les bielles et le balancier. La transmission était absolument directe, c'était là leur principal avantage.

Dans la marine, on emploie quelquefois les machines oscillantes Compound, autre variété, mais ce n'est que dans quelques cas peu fréquents que leur emploi se présente.

Pour la navigation on commence à adopter les machines à pilon. Le cylindre est disposé verticalement, et le piston transmet son mouvement au moyen d'une tige-bielle, qui manœuvre entre deux glissières, à la manivelle de l'arbre. Les bateaux de la Seine, à un seul cylindre moteur, sont du système à pilon. Dans la marine marchande les machines à pilon sont assez répandues, grâce à leur peu de volume qui permet de les caser dans le milieu du navire.

Elles diffèrent des machines verticales également dites à pilon, en ce qu'elles ne font pas corps avec leur chaudière. Cette dernière est à distance et envoie sa vapeur au cylindre par un tuyau d'amenée de fluide muni d'un robinet. Le cylindre et le tiroir sont soutenus par deux montants de fonte, dont les parties intérieures servent de glissières à la tige du piston, laquelle est munie d'une crosse.

La tête de la bielle est montée à pivot sur le bouton de la manivelle et communique directement son mouvement à l'arbre de l'hélice.

On voit aussi des machines doubles à pilons, surtout quand les roues à palettes sont le moyen de propulsion adopté; seulement, elles sont plus rares que les premières.

Comme on le voit, la disposition verticale a engendré bien des variétés de machines. Aussi trouve-t-on plus de machines verticales de petite puissance, que de machines horizontales. Cela tient au peu de dépense de consommation de ce genre de moteurs et aussi à leur emploi facile, ainsi qu'à leur marche toujours sûre et régulière.

III. Machines rotatives.

Les machines rotatives, tout à fait différentes des
autres, comme marche et construction, sont basées sur
la puissance de la vapeur à haute tension. Plus la pression de cette dernière est forte et plus la vitesse de la
machine est grande.

La première idée des machines rotatives à vapeur
est due à M. Pecqueur, mécanicien français. Perfectionnées ensuite, les machines de MM. Uhler fils, Behrens,
Braconier, ont donné d'excellents résultats pratiques
quoique leur emploi ne se soit répandu que dans quelques
branches de l'industrie.

En France, après M. Pecqueur, ce sont MM. Péron,
constructeur mécanicien, Bisschop et Rennie, Gray, et
enfin M. Galy-Cazalat qui ont imaginé les meilleures
machines rotatives.

La construction de ces différents appareils diffèrent
naturellement un peu. La machine de M. Gray est dite
à *plateau* et celle de MM. Bisschop et Rennie machine
à disque (*disc-engine*).

Prenant pour exemple la plus simple des machines
rotatives, la machine de M. Uhler fils (fig. 62), nous
allons expliquer la marche de ces sortes de moteurs :

Sur l'arbre tournant est claveté un tambour circulaire monté excentriquement ; le seul point de sa circonférence où il touche le bord du cylindre intérieur,
est percé d'un tube qui sert d'issue à la vapeur. A
chaque révolution du tambour, la soupape est sou-
levée ; une certaine quantité de vapeur, entre, en rai-

son même de son expansibilité, produit son effet utile en poussant le tambour qui accomplit une demi-révolution, puis elle termine son effet en poussant celui-ci à fin de course par sa détente successive. A ce moment l'issue d'échappement est ouverte et la vapeur, complétement détendue, s'échappe à l'extérieur. Peu après la soupape se relève, une nouvelle quantité de fluide s'introduit et contribue à la continuité du mouvement.

La machine de M. Behrens, dont nous donnons la reproduction (fig. 65), est double. Elle possède deux tambours découpés et dont la marche est différente de la précédente, un volant, qui sert en même temps de poulie de transmission, un modérateur-régulateur à boules et quelques appareils spéciaux. On l'a surtout accouplée avec une pompe rotative dont la construction est absolument semblable à la sienne. Cette application a eu le plus grand succès en Amérique.

A vrai dire le moteur hydraulique Dufort est une machine rotative. La vapeur appuie sur les ailettes et, par sa pression, les fait tourner. Dans les systèmes de MM. Pecqueur, Uhler, etc., cette pression s'exerce sur un tambour excentré, claveté sur l'arbre tournant.

Un grand inconvénient de ces sortes de machines est leur usure relativement plus rapide que celle qui a lieu dans toute autre disposition. A chaque révolution du tambour, les soupapes sont soulevées; lorsque la vitesse est de 1,500 tours à la minute, le frottement devient presque continu, les parties s'échauffent et, si l'on n'a pas soin de lubrifier constamment le tambour, les soupapes s'échauffent, se grippent, se déforment, et l'usure est excessivement rapide.

Il existe aussi une sorte de machines se rapprochant

Fig. 65. — Machine à vapeur rotative de M. Behrens.

beaucoup des précédentes ; elles sont dites à *cylindres
tournants*. Ce fut M. Romancé qui en eut la première
idée. Mais la première qu'il construisit n'ayant donné
aucun résultat pratique, vu son exécution délicate, cet
ingénieur abandonna son invention qui, convenablement

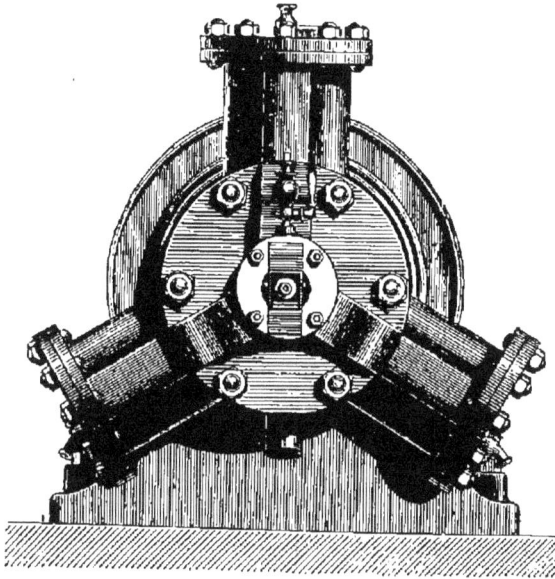

Fig. 66. — Machine Broterhood.

appliquée, aurait pu rendre quelques services en certains
cas.

Quelques années après, M. Broterhood, s'appuyant
sur ces premiers essais, inventa une machine à pistons,
se rapprochant beaucoup d'une machine rotative, sans
en avoir les inconvénients.

Cette machine a trois cylindres (voir fig. 66), placés
à des angles de 120 degrés les uns des autres et en
communication avec une chambre centrale. Les tiges

de piston servent de bielles et sont attachées toutes
trois sur le bouton de manivelle, dont l'extrémité est
fixée sur un disque servant de tiroir. Les ouvertures
d'introduction et d'échappement de ce tiroir sont, par
suite de ce mouvement de rotation, mises successivement en communication avec les conduits de vapeur de

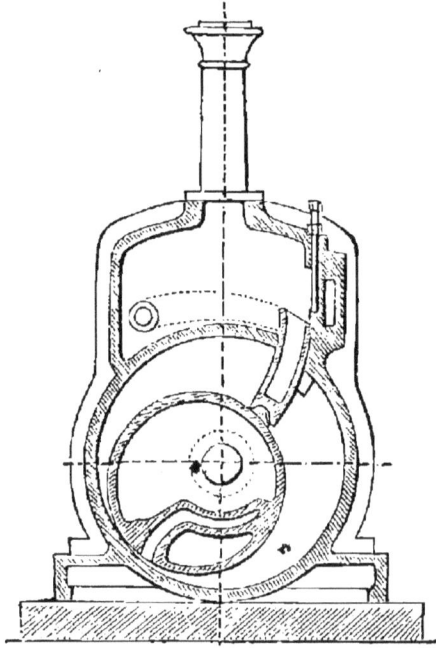

Fig. 67. — Machine rotative Uhler.

chacun des cylindres. C'est d'après cette disposition si
simple qu'est construite la machine.

Lorsque ce système est bien équilibré, la vitesse
peut atteindre 2000 tours par minute; seulement, les
vibrations sont si intenses qu'elles produisent un son
prolongé pendant la marche. La puissance de ces ma-

hines, pour un petit volume, est très considérable.
eur avantage porte sur la suppression absolue de tout
rgane embarrassant : volant, balancier, bielle, modéra-
eur, etc.

C'est la plus simple des machines à pistons et celle
ui permet le mieux les grandes vitesses.

En Angleterre on l'a appliquée aux essoreuses, pompes
otatives, scies circulaires, ventilateurs, etc. Elle sert
ix mêmes usages que le système de M. Behrens aux
tats-Unis, celui de M. Uhler fils en Allemagne et de
. Taverdon en Belgique. Elle est fort utile, lorsqu'on
ut obtenir à faible prix et sans embarras de fondations,
s grandes vitesses, toujours fort coûteuses dans les
tres dispositions, et en même temps d'une réelle éco-
mie, car elle admet facilement la détente, avantage
ie ne possède aucune machine rotative. C'est ce qui
stifie sa propagation rapide à l'étranger.

VI. MOTEURS A FAIBLE PUISSANCE

Moteurs domestiques.

Pendant longtemps la petite industrie demeura dé-
pourvue de tout moteur remplissant le triple but proposé :
petite force, faible poids, prix minime. Aussi beaucoup
de constructeurs se sont-ils efforcés de perfectionner
dans ce sens la machine à vapeur, sans pourtant arriver
aux résultats économiques atteints ces dernières années
par les moteurs à gaz.

M. Isoard, ingénieur français, est le premier qui ai
eu l'idée de substituer un tube roulé en serpentin aux
chaudières et générateurs tubulaires.

Ce tube contient l'eau à vaporiser. L'alimentation se
fait au moyen d'une pompe foulante, lançant une certaine quantité d'eau, rigoureusement mesurée, et qui
se vaporise presque instantanément, le tube étant directement exposé à la chaleur du foyer.

De la chaudière cette vapeur surchauffée et à haute
tension passe dans le cylindre moteur, disposé verticalement et jouant de haut en bas, contrairement à l'usage
ordinaire. Le foyer, dans ce système, était du coke brûlant sur une grille en fer. Les moteurs qui vinrent après
furent chauffés au gaz, ce qui était déjà un progrès.

Le grand avantage du générateur de M. Isoard était l'immense surface de chauffe placée sous l'action des flammes et la prodigieuse pression de la vapeur ainsi obtenue.

Ainsi, sans que la marche du mécanisme moteur en fût troublée, la pression a pu être amenée jusqu'à 50 atmosphères 50 kilogrammes par centimètre carré de surface; seule la vitesse de rotation fut augmentée

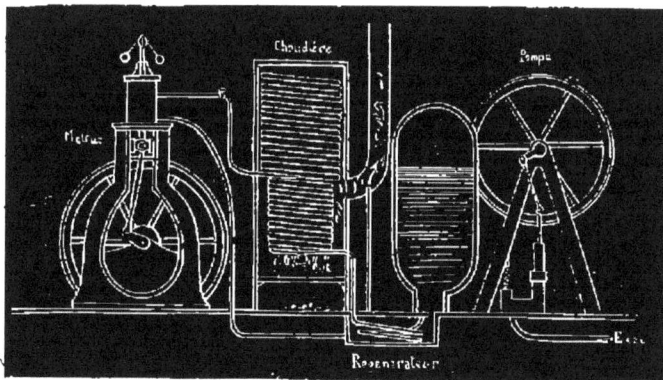

Fig. 68. — Diagramme du moteur Tyson.

jusqu'au triple du nombre de tours ordinairement faits dans le même temps.

Dans les machines à vapeur simples, on ne saurait dépasser une certaine pression sous peine de voir éclater la chaudière, ce qui peut causer des catastrophes épouvantables. Dans le générateur Isoard, ces accidents perdent beaucoup de leur importance, car, en admettant que le serpentin se rompe sous l'excès de la pression, l'effet serait insignifiant, la vapeur étant en très petite quantité dans le tube. Ce fait, d'ailleurs, ne se pourrait produire que dans un cas exceptionnel, par suite de la mauvaise qualité du métal ; la section, l'épaisseur du tube étant calculée pour résister à une pression de 70 atmosphères.

Après l'inventeur français, M. Tyson a imaginé un petit moteur chauffé aux huiles minérales et dont les

Fig. 69. — Moteur Tyson faisant manœuvrer un *punkhas* ou ventilateur.

organes sont fort ingénieusement disposés. Le tube dans lequel l'eau se trouve vaporisée, enroulé deux fois sur lui-même est en cuivre, d'une longueur totale de 150 mètres et de 0 15 millimètres de diamètre. Le cylindre moteur est du type oscillant, c'est-à-dire qu'il est monté sur deux pivots. L'un est en acier et en cône tronqué, l'autre est le tube d'arrivée de vapeur. La transmission se fait donc directement sans balancier ni bielles; la tige du piston seule sert de guide (fig. 68).

Toutes les pièces composant ce petit moteur étant légères, quoique solides, son poids est faible relativement à sa puissance. Il pèse 17 kilos, sa force dynamométrique est de 2 kilogrammètres 5 par seconde, effort plus que suffisant pour actionner des machines à coudre, et des *punkhas* ou ventilateurs (fig. 69).

Puisque nous parlons de *kilogrammètre*, nous saisissons l'occasion qui nous vient d'expliquer ce que ce terme signifie.

Le *kilogrammètre* est, en mécanique, l'unité de travail, comme la *calorie* est l'unité de chaleur. Produire un effort de 1 kilogrammètre, c'est soulever en une seconde, un kilogramme de 1 mètre de hauteur. Pour déterminer la puissance d'un moteur, on se sert du terme cheval-vapeur qui veut dire, force de 75 kilogrammètres par seconde. Une machine de 10 chevaux dépense donc par seconde de temps 750 kilogrammètres, ce qui correspond à l'effort à déployer pour enlever 750 kilos à 1 mètre ou 75 kilos à 10 mètres. Le cheval-vapeur est le point de départ pour compter la puissance. Il n'a aucun rapport avec le cheval vivant dont la force n'est que de 40 kilogrammètres en moyenne.

Le moteur Tyson, est d'une force de 1/25 de cheval-vapeur. C'est peu, mais suffisant pour son travail.

MM. Moret et Broquet, constructeurs parisiens, ont changé radicalement dans leur machine verticale, le mécanisme moteur (voir fig. 70). Il est d'abord placé

11

sur le socle de fonte sur lequel repose la chaudière.
Cette disposition permet d'éviter les trépidations à cette
dernière, ce qui prévient les dislocations de la tôle. La
chaudière n'offre rien de remarquable; il n'y a que les
pistons, dont la structure est toute différente de celle
des pistons ordinaires. Ils sont dits conjugués.

Fig. 70. — Moteur *rationnel*.

Leur mouvement se transmet directement à l'arbre
coudé du volant. La marche de ce moteur, *Rationnel*
comme disent les inventeurs, est fort douce, sans chocs,
voulons-nous dire. Son chauffage est le coke, différent

en cela du moteur Tyson dont le foyer est une lampe à pétrole ou à essence.

Si le moteur Tyson est chauffé aux huiles minérales, pétrole, gazoline, soléine, le moteur Jullien a un avantage, celui d'être chauffé au gaz d'éclairage. Pour sa marche on établit un tuyau de caoutchouc sur un robinet, on allume le gaz et cinq minutes après il est en pression. Il ne contient que 250 grammes d'eau, laquelle à mesure que la vaporisation s'opère, est remplacée par le jeu d'un injecteur spécial à la machine. Ce système de chauffage est plus économique que la houille. Tout en dépensant une force d'un 1/2 à un cheval-vapeur, le moteur Jullien ne consomme que 15 à 1800 litres de gaz par heure. Il est moins sujet aussi, que les machines à vapeur ordinaires, à s'encrasser. Il donne peu de fumée, sa marche est silencieuse, le bruit de crachement produit par l'échappement de la vapeur est beaucoup atténué, son volume est minime, enfin toutes ces causes réunies assurent à ce moteur, un grand succès chez les industriels. M. Berthier, l'un des concessionnaires du brevet, fonde, avec juste raison, beaucoup d'espoir sur ce nouveau système.

MM. Mignon et Rouart constructeurs, fabriquant le moteur à gaz Bisschop, possèdent aussi un type de petit moteur qu'ils ont nommé *moteur domestique* (M. H. Fontaine, inventeur). C'est une chaudière à bouilleurs intérieurs, cylindrique et montée sur trois pieds. Ses constructeurs se sont efforcés de la rendre inexplosible, en l'entourant d'une épaisse chemise en bois retenue par de forts cercles de cuivre. Le mécanisme de transmission, presque imperceptible, est fixé sur le *ciel* ou partie supérieure de la chaudière. Il se

compose d'un piston avec cylindre oscillant, d'une petite roue pleine servant de volant et de poulie; la tige
du piston est fixé directement sur l'arbre tournant.
Comme autres dispositions, ce système n'offre rien de
particulier.

Deux autres personnes, MM. Abel Pifre et Mouchot,
ont tenté une curieuse expérience : l'utilisation des

Fig. 71. — Chaudière Pifre et Mouchot.

rayons calorifiques du soleil pour le chauffage des
machines. Voici la description de leur curieux appareil,
lequel se trouve dans la salle des machines au Conservatoire des arts et métiers.

Qu'on se figure un vaste réflecteur parabolique,

extrêmement poli, monté sur un pied mobile, en fonte.
Au centre, de manière que le milieu se trouve à la
hauteur du foyer de la parabole, est fixée une chaudière
à vapeur verticale (fig. 71). Lorsque le soleil brille, la
chaleur de ses rayons se concentre au foyer, comme au
foyer d'une lentille et échauffe l'eau qui ne tarde pas
à bouillir et à se vaporiser. Le mécanisme moteur étant
placé sur le côté, si l'on ouvre le robinet de communication, le volant se met aussitôt à tourner. Cet appareil
est curieux, mais l'application du soleil comme foyer
est impossible en grand. On comprend facilement les
inconvénients multiples qui en résulteraient. Comment
régler cette chaleur? Comment construire un réflecteur
assez grand pour chauffer une machine de 200 chevaux
par exemple? De plus, comme le soleil est caché en
moyenne deux jours sur quatre, il faudrait chômer
pendant son absence et l'on juge de la perturbation
qu'un tel état de choses jetterait dans les affaires.
Jusqu'à ce que les houillères soient épuisées, chauffons
nos machines avec du charbon, leur conduite n'en sera
que plus facile, et alors quand il nous manquera.....
Mais d'ici là, il faut l'espérer, la vapeur sera remplacée
soit par l'électricité, soit par un autre fluide n'exigeant
pas de chaleur pour développer sa puissance.

VII. COMMENT ON CONDUIT UNE MACHINE A VAPEUR

En dehors des ingénieurs et des personnes qui ont fait de la mécanique la base de leurs études ou le but de leurs travaux, il est rare de trouver quelqu'un capable seulement d'expliquer comment marche une machine à vapeur. Nous allons donc nous efforcer de décrire, le plus clairement qu'il nous sera possible, ce qu'il faut faire pour mettre en pression et conduire un de ces moteurs de la manière la plus régulière et la plus propre à éviter les accidents, produits par le manque d'expérience des conducteurs, chose qui n'arrive, hélas! que trop souvent.

Supposons un instant que nous ayons à diriger une locomotive Crampton (fig. 72).

Sitôt qu'une machine a terminé sa course, elle arrive au remisage. Là, le chauffeur visite les essieux et les boîtes à graisse, fait jouer les tiroirs et les nettoie, huile la coulisse de Stephenson, les robinets et les godets graisseurs, décrasse les tiges des pompes, et s'assure du bon fonctionnement de toutes ces pièces. Ensuite il vide la chaudière, secoue les grilles et le cendrier, enlève la porte de la boîte à fumée; puis, armé d'une longue tige de fer munie à un bout d'un tampon de drap et à l'autre d'une brosse comme un écouvillon,

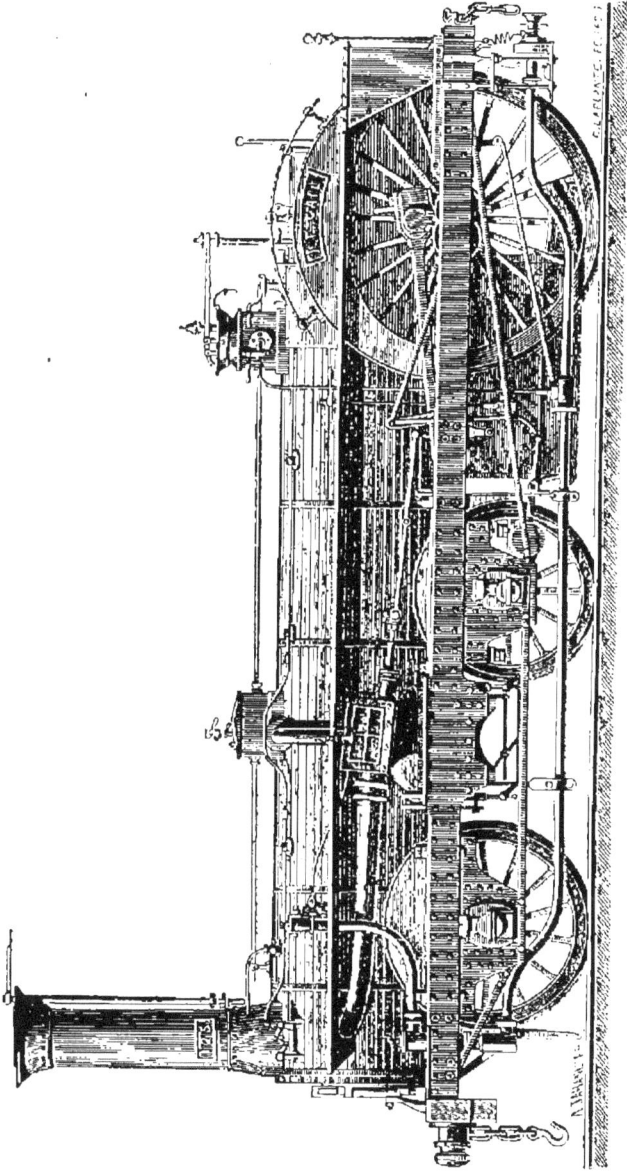

Fig. 72. — Locomotive Crampton.

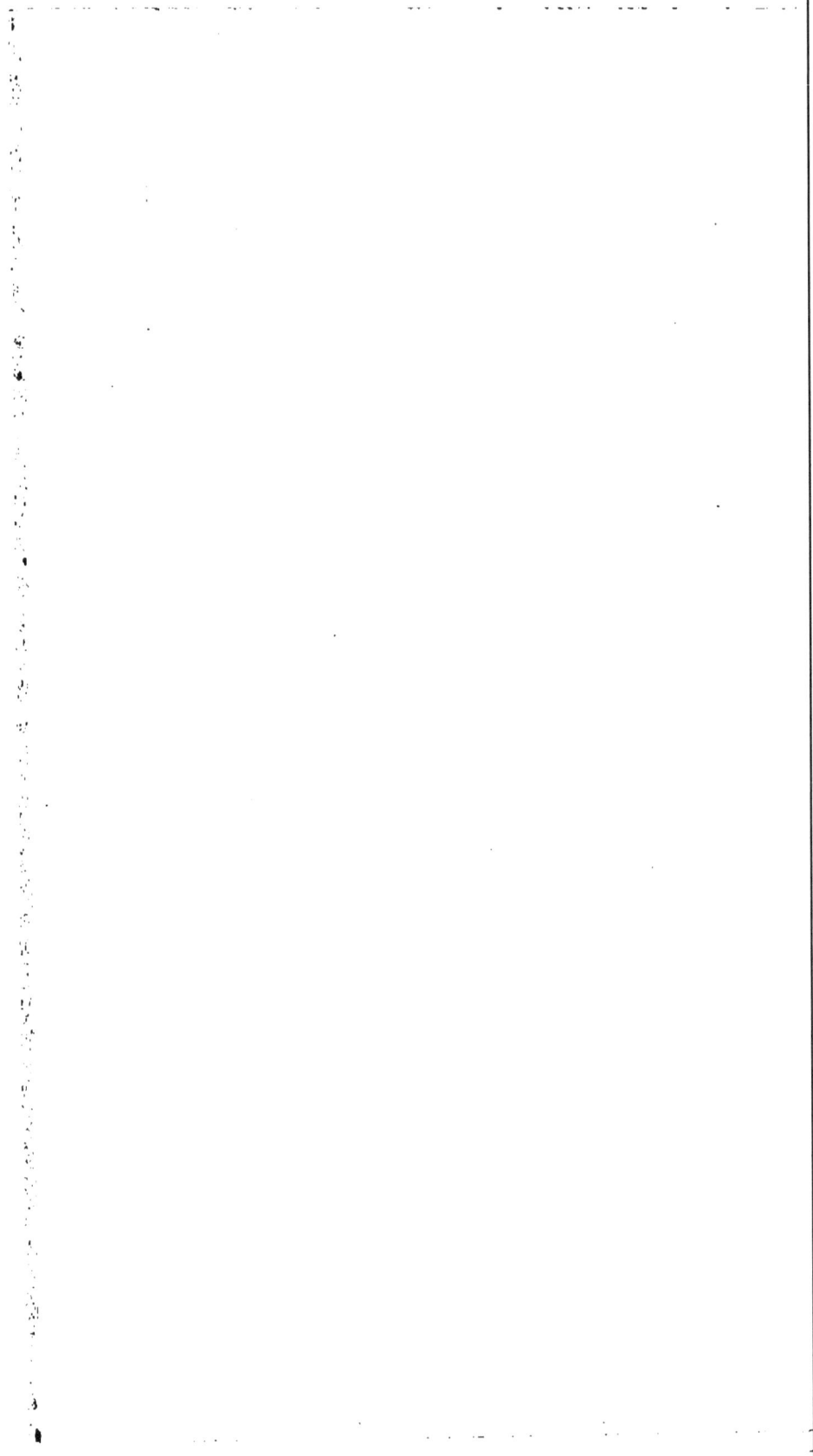

il l'enfonce dans les tubes et les nettoie facilement. Il brosse et balaie également la boîte à fumée, la cheminée et toutes les parties susceptibles de retenir la suie et la crasse. Enfin il repolit les cuivreries noir-'cies par le voyage et redonne à son coursier de fer le brillant de la nouveauté; maintenant sa machine est prête à être chauffée.

Le train se forme sous la ferme vitrée de la gare, le mécanicien arrive, passe une minutieuse inspection des pistons, freins, tiroirs, pompes et monte enfin avec son aide sur la plate-forme. Suivons-les, si vous le désirez.

Le tender, chargé d'énormes *briquettes* de houille et sa *caisse* remplie d'eau, est accroché derrière la loco-motive. Dans le foyer de celle-ci le feu est prêt. Un brandon de paille y est jeté et l'on entend bientôt le ronflement du brasier dont la combustion s'active.

Alors, le chauffeur remplit la chaudière de l'eau qui arrive par le tuyau de cuir vissé sur la prise du quai. Bientôt le tube de niveau d'eau indique le point où l'alimentation doit cesser. Le robinet est alors fermé et le chauffeur entasse les mottes de charbon dans le foyer; le tirage augmente. Le *capuchon* de la cheminée est ouvert en plein et le feu gronde.

Au bout d'un certain temps, d'une heure environ, l'eau bouillonne dans le tube de niveau; l'ébullition commence, peu après l'aiguille du manomètre tremble, oscille et marque 1, 2, 3, 7, 9 atmosphères, la machine est en pression, il faut partir.

Lorsque la pression s'élève, les soupapes fuient, alors le mécanicien les assujettit et les règle de manière à ce qu'elles jouent facilement à la pression qu'il serait dan-gereux de dépasser. Le chauffeur desserre les freins,

allume le fanal placé à l'avant de la locomotive et prépare les longerons et chaînes d'attelage.

Le signal est donné, un coup de sifflet se fait entendre, le mécanicien appuie sur le levier du régulateur et ouvre l'issue des cylindres où la vapeur se
précipite. En même temps, il ôte le volant de changement de marche du point mort, le fixe sur la marche
en avant et enfin règle l'intensité du tirage.

La vapeur se précipite par les tiroirs entr'ouverts, le
piston commence son mouvement de va-et-vient, les
roues tournent, et nous avançons, d'abord lentement,
mais de plus en plus rapidement, à mesure que le
mécanicien ouvre le régulateur.

Comme il pourrait se trouver quelques ordures et de
l'huile dans le cylindre, ce dernier ouvre, au moyen d'une
tringle, les *robinets purgeurs* des cylindres, et la vapeur
qui vient de pousser le piston au lieu de s'échapper par la
cheminée, s'enfuit par ces robinets avec un bruit assour-
dissant. C'est de ces issues que s'échappe la vapeur,
dont le tapage étonne tant de personnes.

Mais nous arrivons à l'aiguille, le mécanicien ferme
le régulateur, et entraînés par la vitesse acquise, nous
dépassons le croisement. L'aiguilleur a abaissé son levier, le rail mobile a fait un mouvement imperceptible.
Nous pouvons passer.

Le volant de changement de marche est alors manœu-
vré par le mécanicien, les tiroirs changent de position, la coulisse intervertit le mouvement des excentriques et le régulateur est rouvert.

Nous voilà repartis marche en arrière ; nous arrivions
de la gauche et nous retournons à droite. La marche s'accélère et nous entrons dans la gare où le train rempli

de voyageurs nous attend. C'est le train rapide et nous sommes sur la locomotive l'*Escaut* qui va nous emporter vers les régions du Nord.

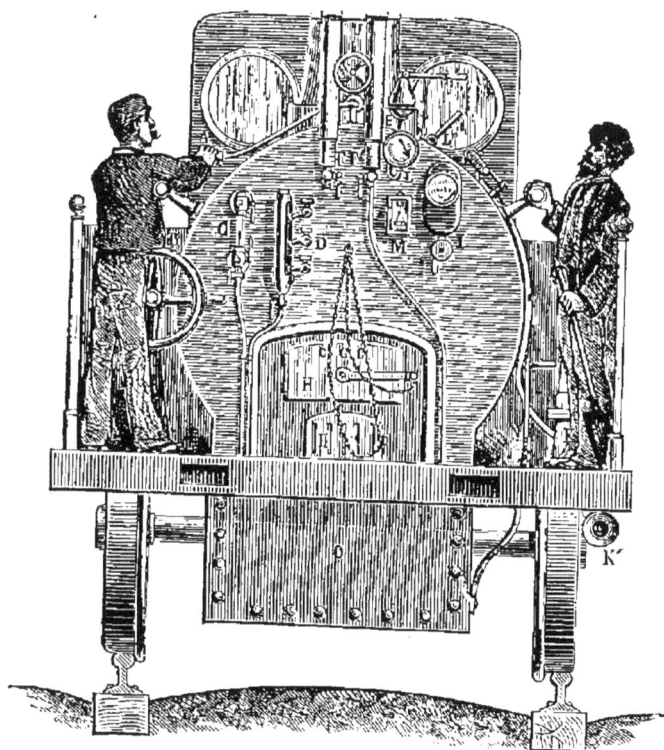

Fig. 73. — Arrière d'une locomotive.
Type des chemins de fer d'Orléans.

A. Levier du régulateur d'introduction de vapeur. — B. Volant de distribution de vapeur et de changement de marche. — C. Tube de niveau d'eau. — D. Robinets d'épreuve ou de jauge avec la clarinette. — E. Sifflet d'alarme. — F F' .Soupapes-balances. — G G' G''. Chaînes d'ouverture des portes du foyer H H'. — I. Manomètre. — J. Petit volant pour le réchauffeur de l'eau du tender. — K. Injecteur Giffard K' crépine d'aspiration K'' tuyau de refoulement. — L. Manomètre indiquant le vide. — L'. Manette de la sablière — M. Lanterne. — N. Tige-crémaillère manœuvrant les grilles du foyer O. — O. Dôme des soupapes. — Z. Tablier préservateur de la colonne d'air.

Bientôt la cloche sonne, et le sifflet du chef de gare, auquel celui de la locomotive répond, retentit. Les freins sont desserrés, le volant remis sur la marche en avant et le régulateur ouvert. On part, la vitesse s'accroît et arrive à son point normal. Le chauffeur charge le foyer, le mécanicien, l'œil fixé sur le manomètre et une main sur le levier surveille la pression. Il faut aussi qu'il veille aux signaux et de temps en temps le sifflet envoie ses sons prolongés et mélancoliques à travers la nuit claire. Quant à nous, quoiqu'abrités par l'auvent vitré de la colonne d'air, l'air, en réalité calme, nous semble emporté avec une vitesse fantastique et nous fouette bruyamment le visage. O sublime poésie de la science, que tu as d'attraits, lorsque, monté sur ce coursier de feu, on se sent emporté comme sur les ailes du vent !...

A mesure que l'eau de la chaudière s'épuise, l'injecteur Giffard la renouvelle. Ceci est l'ouvrage du mécanicien, de même qu'il lui appartient de réchauffer l'eau qui arrive du tender, avec un simple jet de vapeur.

Une demi-heure après, apparaissent non loin de nous, à un kilomètre au plus, les feux qui caractérisent les stations. L'eau du tender étant épuisée, il faut renouveler notre provision, et pour cela atteindre la grue hydraulique, dont le tuyau de cuir surplombe la voie.

Voici le disque-signal avec sa lumière blanche ; nous sommes à 800 mètres de la gare et il est temps de faire agir les sabots des freins. Deux coups de sifflets brefs retentissent ; le chauffeur visse le volant, les sabots de fer maintiennent les roues et ralentissent la vitesse du train. Un coup de sifflet, les sabots se desserrent, mais la machine va dépasser la grue.... Le mécanicien alors appuie sur le levier du frein à vide, le manomètre à

vide marque 80, 30, 50, 20 centièmes d'atmosphère
et le tender s'arrête juste sous le tuyau.... Relevant la
manette, l'air rentre et l'action du frein cesse instantanément.

Pendant que les voyageurs changent de voiture,
montent ou descendent des wagons, la boîte du tender
se remplit d'eau, le chauffeur tisonne le feu, et le
mécanicien ne manque pas de descendre pour vérifier
l'état et le dégré d'échauffement des pièces, graisser le
système de changement de marche, la coulisse de
Stephenson et son contrepoids, le collier des excentriques, la tête des bielles, renouveler l'huile des
godets et des graisseurs à boules. Enfin, il descend
dans la tranchée pratiquée entre les rails pour resserrer,
au moyen de la clef anglaise les boulons et écrous qui
auraient pu se dévisser pendant le trajet par suite des
trépidations de la machine. Il vérifie enfin l'état des
boîtes à graisse et des tubes à feu.

Ce travail a pris cinq minutes, la boîte du tender
est pleine, la pression est au maximum et les soupapes
fuient avec fracas.... Le sifflet du chef de train se fait
entendre, le mécanicien y répond, et en même temps,
il ouvre le régulateur.

Les roues, légèrement grasses, glissent, patinent sur
les rails. Aussitôt le chauffeur y remédie ; il ouvre, au
moyen d'une longue tringle, le robinet de la sablière.
C'est une sorte de marmite, placée sur le corps cylindrique de la chaudière, et remplie de grès. Deux tubes
conduisent ce grès jusqu'à la circonférence extérieure
des roues motrices et provoque leur adhérence sur le
rail par suite de sa résistance. Mais lorsque la machine
marche en arrière il est impossible de remédier au

patinage des roues; le·grès tombe en avant et se perd inutilement.

La vitesse du train s'accélère bientôt; la vapeur revient à sa tension normale et les soupapes cessent de bruire.

Mais qu'y a-t-il? Un accident est-il arrivé? Que signifie la lanterne rouge du disque qui se présente de face à la voie et le cantonnier qui court vers nous en agitant sa lanterne au bout de son bras tendu. Ceci a sans doute une signification, car le mécanicien ferme précipitamment le régulateur, tourne le volant de changement de marche et fait entendre un coup de sifflet sec. A ce signal, les freins sont serrés, les roues patinent et au bout d'un instant, deux cents mètres après le disque d'alarme, le train est arrêté. Alors, pour éviter une surproduction de vapeur dangereuse, les robinets d'échappement sont ouverts en grand et le fluide s'échappe avec bruit.

Le chauffeur est descendu, l'obstacle qui se trouvait sur la voie est enlevé, et, après cinq minutes d'arrêt, nous reprenons notre course.

Les stations succèdent aux stations. Nous passons sous un tunnel, nous traversons un pont-viaduc, on est harassé, la machine seule souffle toujours avec la même énergie. Heureusement, voici la gare; nous sommes arrivés. Les heurtoirs qui sont devant nous semblent nous dire : Vous n'irez pas plus loin.

Mais les manœuvres ne sont pas terminées; la locomotive et son tender sont détachés du train et placés sur une plaque tournante. Nous faisons un demi-tour et nous nous retrouvons sur une autre ligne. Marche en avant! nous repartons et cinq cents mètres au delà de la gare nous nous arrêtons. Alors le mécanicien saisit la poignée qui retient les grilles et la tire à lui; elles basculent et le charbon, encore tout brûlant, tombe dans une tranchée, pratiquée à cet effet entre les rails. Tous les robinets sont ensuite ouverts, l'eau bouillante et la vapeur s'échappent avec fracas, l'aiguille du manomètre revient à 0 et le tube de niveau se vide. C'en est fait, le voyage est terminé, la locomotive va retourner au remisage pour reprendre demain son service accoutumé; le chauffeur et le mécanicien s'éloignent pour goûter un repos justement gagné et nous partons avec regret, mais émerveillés de la marche de la machine qui nous a conduits en quelques heures de Paris à Boulogne.

VIII. DES EXPLOSIONS

On vient de voir comment on conduit une locomotive ; une machine fixe ou un bateau à vapeur se conduit de même ; seulement, dans l'une il y a un condenseur et dans l'autre, le volant de changement de marche est remplacé par une tige d'embrayage.

Lorsqu'une machine est en pression, que l'eau est à la hauteur voulue, que le feu est également blanc partout et que le tirage se fait bien, il y a donc deux règles qu'il ne faut pas enfreindre. D'abord, pour une raison d'économie et de sécurité, il faut ne charger le foyer qu'à intervalles mesurés, de manière à maintenir constamment la pression au même degré. Ensuite — chose également importante — il faut que l'alimentation soit régulière ; trop peu de liquide dans la chaudière pouvant provoquer une explosion et trop nuisant à la production de vapeur.

Une chose à observer, lorsque l'on conduit pour la première fois une machine à vapeur, est de n'ouvrir que petit à petit et non tout d'un coup le régulateur. En procédant autrement, on risquerait de voir les mouvements du piston s'accélérer d'une façon anormale, ce qui peut occasionner la rupture ou tout au moins la torsion de la bielle et de l'arbre de couche.

En maintenant avec un bon feu, toujours égal, et en alimentant lorsque le niveau de l'eau descend, il est rare qu'un accident se produise. C'est presque toujours à l'oubli de ces principes que l'on doit les désastres qui détruisent une usine et sèment la mort et la désolation.

Car l'explosion d'une machine à vapeur, de quelque manière qu'elle se produise, n'est due qu'à ces deux causes, isolées ou réunies. Le feu devient trop vif, la pression monte trop rapidement, un surcroît de vapeur se forme, la tôle trop mince pour résister se déchire, et projette ses éclats meurtriers à une grande distance. Ou bien c'est l'eau qui baisse, l'alimentation ne se faisant pas, les tôles rougissent et se déforment. Si un courant d'eau froide arrive sur ces parois rougies, une surproduction de vapeur considérable est formée en un moment et, avant que les soupapes aient joué, crève la tôle et s'échappe au dehors. Malheur à ceux qui se trouvent près de là, l'eau bouillante et la vapeur brûlent et mutilent affreusement!

Quelquefois aussi l'explosion d'une chaudière dépend d'une autre cause. Ce sont les soupapes trop chargées, ou qui ne peuvent jouer. « Le mécanicien qui assujettit « ses soupapes, dit l'ingénieur anglais Fairbairn, res- « semble à l'insensé qui se précipite dans un magasin « à poudre avec une torche allumée. » Et la comparaison est aussi vraie qu'énergiquement rendue. Aussi ne peut-on prendre assez de précautions lorsqu'on chauffe une machine. Il faut s'assurer, si le manomètre est juste, si les soupapes fonctionnent bien, et si l'eau est à une hauteur raisonnable, au moyen des robinets de jauge ou de la clarinette de niveau d'eau. Malgré cela il arrive encore des catastrophes. On se souvient du terrible accident qui se produisit, il y a quelques années, chez un constructeur parisien. L'eau d'alimentation avait gelé, par suite d'un froid excessif, dans le tuyau d'aspiration. Les tôles rougirent et crevèrent. Un énorme morceau de fer, lancé par la force de projection de la vapeur, traversa un mur de vingt centimètres d'épaisseur et fut retrouvé dix mètres plus loin.

Les incrustations ou dépôts calcaires que l'eau, après avoir longtemps bouilli, laisse dans la chaudière, peuvent aussi occasionner des explosions. En effet, la chaleur du foyer ne se transmet pas jusqu'à l'eau, elle se perd, ou plutôt ne sert qu'à faire rougir à blanc l'enveloppe du générateur. Si par malheur cette croûte se décolle, l'eau arrive brusquement, un surcroît de vapeur est produit et la chaudière éclate. Le plus sûr remède des incrustations est le désincrustant Vicat, qui, mélangé à l'eau, les empêche de se former.

Il arrive aussi que l'eau privée d'air peut être d'une température de plus de 100 degrés, sans pour cela bouillir. Mais le moindre choc ramène l'ébullition, et la vapeur qui se forme tout à coup peut causer un accident, ou tout au moins des avaries graves.

Donc, dans la pratique, une machine doit être conduite avec le plus de soin possible. C'est en réparant un défaut aussitôt qu'il se montre, en graissant les pièces à mesure qu'elles s'échauffent, en surveillant incessamment les appareils de sûreté, le jeu des pompes, le tirage, que l'on parvient à réaliser de véritables économies de combustible, et à prévenir la plupart du temps les malheurs terribles qui nous frappent de temps à autre. Il est donc plus avantageux, pour les industriels qui possèdent un moteur à vapeur, d'en confier la direction à un homme intelligent, capable et surtout robuste, plutôt qu'à des manœuvres, à des hommes de peine ne possédant que la routine, non la science et le sang-froid nécessaires pour parer à toute éventualité.

C'est en suivant ces conseils, méconnus trop souvent, que l'on obtiendra une marche supérieure, un fonctionnement continu et régulier de toutes les pièces, et enfin une grande économie. Bien soignée et bien entretenue, une machine peut faire un long service; mal conduite, elle peut provoquer non seulement des accidents, mais des pertes, de longues et coûteuses réparations. C'est pourquoi il est de toute nécessité, pour les industriels qui craignent la grosse dépense d'un moteur nouveau, de veiller avec soin au fonctionnement de celui qu'ils possèdent.

X. LA MACHINE A VAPEUR DANS L'INDUSTRIE

Quoique le moteur le plus employé, celui dont les applications ont été le plus nombreuses, soit le moteur à vapeur, son usage s'est bien plutôt généralisé dans la grosse construction que dans la petite industrie.

Au premier rang des travaux qu'accomplit journellement la machine à vapeur, nous citerons les transports terrestres et maritimes.

Sans vouloir faire ici l'histoire des chemins de fer[1], nous rappellerons que la première idée de la vapeur comme force motrice est due au Français Cugnot (1769). Trewitick et Vivian en Angleterre, construisirent en 1808 la première voiture mue par une machine à haute pression. Olivier Evans, à Philadelphie, fit plusieurs essais, malheureusement infructueux, et Robison échoua de même, en voulant utiliser pour la production de la force motrice la machine de Watt à double effet.

Depuis Cugnot, les voitures à vapeur ou locomotives ont fait de grands progrès, dus, pour les premiers, à Robert Stephenson, ingénieur anglais.

Les locomotives sont des machines à haute pression, dans lesquelles la tension de la vapeur est ordinaire-

---

[1] Voir les « Chemins de fer », par M. Amédée Guillemin. *Bibliothèque des Merveilles.*

ment de 7 à 9 atmosphères. La chaudière est traversée, dans le sens de la longueur, de nombreux tubes de cuivre où passe la flamme, ce qui augmente beaucoup l'intensité du tirage. Ce fut, comme on le sait, Marc Séguin qui inventa la chaudière tubulaire, chose capitale pour les locomotives, usant des quantités prodigieuses de vapeur, et, par conséquent, ayant besoin

Fig. 74. — Locomotive américaine Sturrock.

d'une grande surface de chauffe pour suffire à cette dépense.

Le type de la *Fusée*, la première locomotive de Stephenson a été modifiée, dans le sens des usages, qu'elle devait remplir. C'est ainsi que M. Crampton en a fait une machine à grande vitesse, applicable au transport à grande vitesse des voyageurs. M. Engerth en a fait la machine la plus puissante, destinée à remonter les rampes en remorquant de lourdes charges de marchandiscs. *L'Engerth* est le cheval de montagne, lent mais robuste, puisqu'elle remonte avec une vitesse de 28 kilomètres à l'heure en traînant un convoi de 450 tonnes. La machine Crampton, son opposée, file avec une vitesse de 75 kilomètres à l'heure, mais traînant un poids d'à peine 120 tonnes. Les types de locomotives

Fig. 75. — Locomotive routière.

varient à l'infini. Il y a les Buddicom, les Polonceau, (fig. 74) les Sturrock, les Stephenson et bien d'autres encore. Chacune d'elles répond à un besoin particulier et tel système qui convient dans tel cas est inapplicable dans un autre.

Les lignes de chemins de fer se développent chaque jour, les embranchements se greffent sur les grandes lignes et chaque petite ville tient à avoir son petit *chemin de fer d'intérêt local.*

On a aussi pensé à faire des locomotives *routières* pouvant marcher sur les chemins et chaussées empierrées, afin d'annuler l'emploi si coûteux des rails. Les meilleurs systèmes proposés sont ceux de MM. Larmenjat (fig. 75), Lotz fils de l'Aîné de Nantes, Thomson d'Edimbourg, Bollée du Mans, et ce sont ceux qui ont donné les plus grands résultats pratiques. Maintenant le génie et le corps des équipages et du train militaires sont pourvus de machines routières du système Lotz. A Edimbourg M. Thomson a appliqué sa locomotive à la traction des omnibus imitant en cela son compatriote M. Harding dont on a pu voir fonctionner, il y a quelques années à Paris, les machines attelées aux tramways.

Une des meilleures machines routières est celle imaginée par M. Marquis dont nous avons déjà parlé à propos du barotrope ou « voiture sans chevaux » et du moteur à acide carbonique.

Cette machine est montée sur trois roues ; une petite, placée à l'avant, mobile sur son axe, servant de directrice, et deux grandes roues motrices de 1^{m}60 de diamètre.

La chaudière est à tubes entrecroisés comme celle de MM. Hermann-Lachapelle ; la surface de chauffe étant considérable, la production de vapeur est énorme et la mise en pression rapide. En même temps la consommation de combustible est extrêmement réduite, à cause de la vaste capacité du foyer ; quant à ce combustible, c'est le coke.

Les cylindres moteurs sont disposés horizontalement

sous le châssis qui supporte la chaudière. La tige des pistons s'articule directement sur les coudes de l'arbre des roues, coudes placés à angle droit l'un de l'autre.

La pression ordinaire de la vapeur dans les cylindres est de cinq à six atmosphères, pression à laquelle est timbrée la chaudière.

Un coffre contenant les outils indispensables et les objets nécessaires en voyage, placé à l'arrière entre les roues motrices, permet au conducteur de s'asseoir et de surveiller sa machine sans aucune fatigue.

La réserve d'eau et de coke est contenue dans deux boîtes doublées de métal, placées de chaque côté de la chaudière. Entre elles passent les tiges filetées du volant qui commande la roue directrice de l'avant et le frein qui exerce son effet sur le cercle de l'une des roues motrices.

Celles-ci sont construites comme les roues de vélocipède; c'est-à-dire que les jantes sont remplacées par de nombreuses tiges d'acier et que la circonférence extérieure est garnie d'un solide tube de caoutchouc sans fin, destiné à amortir les cahots et à rendre la marche sensiblement plus douce.

La vitesse de cette machine varie entre 10 et 36 kilomètres à l'heure. Au maximum, la pression étant de 6 atmosphères, le nombre de coups de pistons et, par conséquent de tours de roue à la minute, de 2, la vitesse est de 10 mètres par seconde, 600 mètres à la minute, 36 kilomètres à l'heure. Un voyage entre Paris et Montreuil-sur-Mer — sur des routes bien entretenues, il est vrai — a été accompli en cinq heures. La distance était de 155 kilomètres et la machine avait fait six arrêts en route, afin de renouveler sa provision d'eau et de charbon.

Les locomotives routières sont plus économiques que les chemins de fer, leur vitesse est moindre, c'est vrai, mais elles ont l'avantage de rendre inutile la construction de la ligne ferrée et de tous ses accessoires, aussi leur emploi tend-il à se généraliser.

Ces sortes d'appareils n'ont qu'un inconvénient, celui d'effrayer par leur bruit les chevaux attelés. On y a remédié ces temps derniers en adaptant un condenseur à la machine. L'échappement se fait donc sans que l'on entende le moindre bruit quand la locomotive est en marche. A l'arrivée, on ouvre un robinet et l'eau de condensation s'échappe. Ce système a été expérimenté avec succès sur l'une des lignes des tramways de Paris.

Pendant longtemps la navigation s'est opérée d'abord au moyen de rames, ensuite de voiles, moyens défectueux en ce que la force motrice pouvait subitement venir à manquer. Aussi, dès l'invention des premières machines à vapeur, la marine s'est-elle emparée du nouveau moteur.

C'est encore Papin qui eut le premier l'idée d'appliquer la vapeur aux bateaux. On sait ce qu'il en advint ; les bateliers du Weser, fleuve sur lequel il faisait ses expériences, jaloux de voir une machine remplacer avec avantage leur force musculaire, la brisèrent, sous les yeux mêmes de l'inventeur.

Le marquis de Jouffroy fit aussi avec succès plusieurs tentatives sur la Saône avec son pyroscaphe, vers 1778 sur le Doubs Symington en Angleterre, John Fitch en Amérique, Miller en Suisse firent progresser cette nouvelle invention.

Dans ces premiers bateaux, la vapeur faisait mouvoir le piston monté sur l'arbre de couche et sur lequel étaient fixées une ou deux roues à aubes. Fulton employa la même disposition dans son *Clermont* et il réussit. John Fitch ayant voulu utiliser les rames comme moyen de propulsion n'y put parvenir et, de désespoir, se tua en se lançant dans la Delaware.

Depuis Fulton, et grâce aux travaux sur ce sujet de savants ingénieurs, travaux qui ont permis de supprimer les voiles et dans quelques-uns les roues à palettes en les remplaçant par l'hélice sous-marine, la science de la navigation a changé de face. Parmi ces savants, nous citerons Charles Dallery, Delisle, les frères Bourdon, Frédéric Sauvage, le capitaine Ericcson, Dupuy de Lôme, etc., qui ont fait marcher les applications de la vapeur, pour la marine, à pas de géant.

Nous avons dit en commençant que l'agriculture possédait le moteur à vapeur. La disposition des machines est différente et appropriée à son genre de travail. La *locomobile* est une sorte de machine locomotive; seulement, au lieu d'actionner les roues qui la supportent, elle fait mouvoir un volant, car tout le mécanisme moteur est fixé sur la chaudière. Elle est principalement employée aux champs pour le labourage à vapeur et le battage.

Une locomobile de 5 chevaux : vapeur de force, est facilement traînée par 2 chevaux attelés au timon, son poids n'étant que de 2 ou trois tonnes.

La locomobile est à haute pression. Sa chaudière est tubulaire et sa manœuvre est absolument la même que celle de la locomotive ou de la machine fixe.

Fig. 76. — Appareil moteur d'un navire.

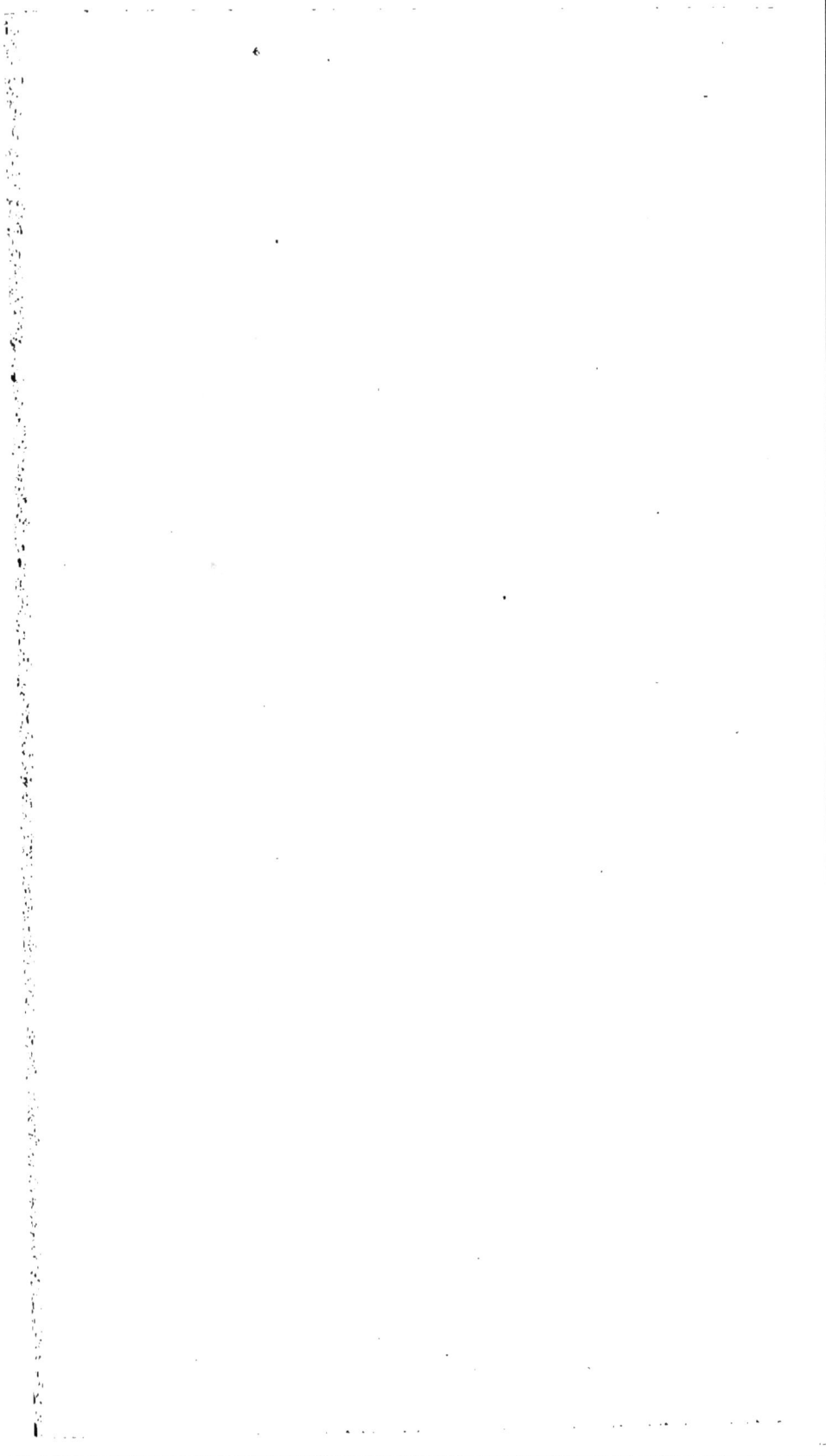

Sa disposition est ordinairement horizontale, le mécanisme moteur bien entendu. Pourtant quelques
constructeurs ont cru devoir la changer. C'est ainsi
qu'a été édifiée la machine verticale : *Monitor engine*
de M. Aultman de Chicago (fig. 79).

Les applications de la locomobile sont véritable-

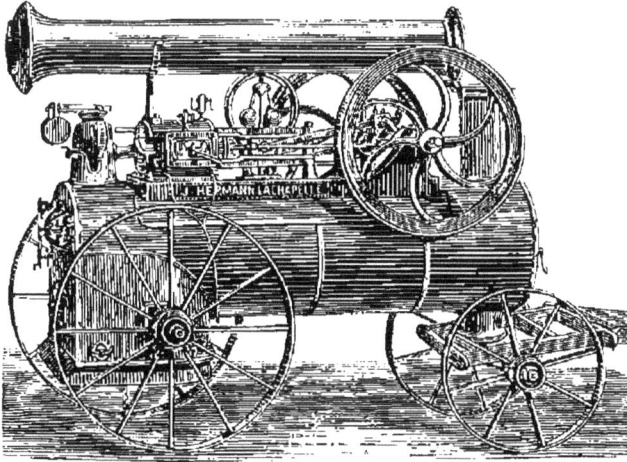

Fig. 77. — Locomobile montée sur roues.

ment immenses. Nous allons essayer d'en énumérer les principales :

D'abord la machine transportable montées sur roues
(fig. 77) et les appareils qu'on lui adjoint, soit la
scie circulaire montée sur le même châssis, servant
au tronçonnage du bois de chauffage, soit la batteuse
suisse, petite batteuse montée comme la précédente
sur le même chariot qui soutient le moteur.

Ensuite le moulin à blé avec beffroi, puis les
pompes d'épuisement marchant par l'intermédiaire de
roues d'engrenage, et, en dernier lieu, l'excavateur

Couvreux avec sa chaîne de seaux de tôle, montée sur le même châssis que la machine.

On pourrait parler aussi du bateau-dragueur, mu également par la locomobile; du toueur sur chaîne noyée, remontant le courant par l'effort de sa machine; le rouleau compresseur, du poids de trente

Fig. 78.— Locomobile ½ fixe, montée sur patins.

tonnes, actionné par une lourde et puissante locomobile.

Le plus ordinairement, la machine mobile sert, dans les campagnes, à opérer des battages et à actionner des pompes, des hachoirs, des pressoirs, des concasseurs, des vans, des broyeurs, des malaxeurs, etc., etc. A la campagne comme à la ville, elle sert à mille ouvrages différents. On l'utilise pour le labourage, le hersage, le piochage à la vapeur, et nous pourrions citer les machines de MM. Barrat frères, Kirby et

Fig. 79. — Locomobile Aultman (*Monitor engine*) opérant un battage.

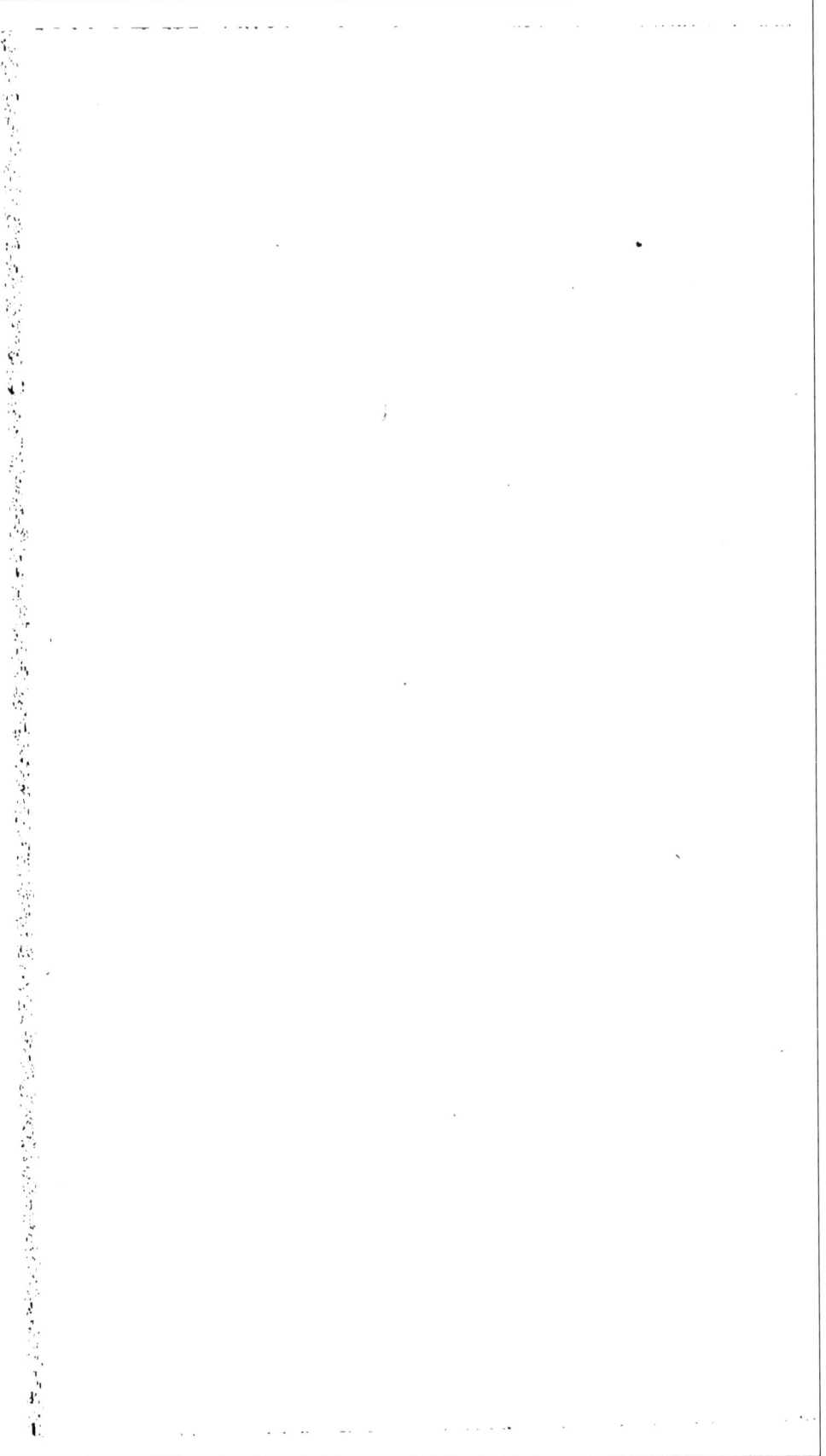

Osborn, Fowler, etc., etc. Les types ne manquent pas.

Cet utile appareil ne sert pas que dans l'agriculture. C'est lui qui fournit la force aux monte-charges
des maçons et entrepreneurs des constructions, partout
enfin où l'on a besoin, pendant un laps de temps fort
court, de force motrice. Elles sont alors montées sur
patins et dites demi-fixes (fig. 78).

On a cherché à remédier au défaut qu'ont les locomobiles d'être forcément traînées à destination par des
chevaux, en inventant des *locomobiles-locomotives*

Fig. 80. — Machine d'atelier Farcot.

dans lesquelles le volant est relié par une chaîne sans
fin aux roues. De cette façon, pendant le trajet, la locomobile roule elle-même son poids et peut même remorquer les chariots attachés à sa suite.

C'est principalement dans les grandes usines et
ateliers de construction que l'on trouve les plus puissantes machines à vapeur. MM. Farcot en possèdent
de 800 chevaux de force (fig. 80). Dans la marine,
il y en a de 5000 chevaux, seulement, on le com-

prend facilement, c'est l'exception, et à peine y a-t-il
cinq navires assez grands en France pour porter des
chaudières de cette taille.

Il faut de puissantes machines pour les usines telles
que celles d'Indret ou du Creusot, afin de fournir à
toutes les machines-outils la force nécessaire à leur

Fig. 81. — Pompe à vapeur Merryweather

marche et en même temps la vapeur aux marteaux-
pilons. Quelle force, en effet, ne faut-il pas pour
actionner tant d'outils pour l'alésage, le perçage, le
rabotage, pour les tours à tarauder, forer, mortaiser?
Certainement la vapeur est la seule force capable
d'accomplir tant de prodiges que l'on a peine à croire

Fig. 82. — Intérieur d'une usine. — Travail du marteau-pilon.

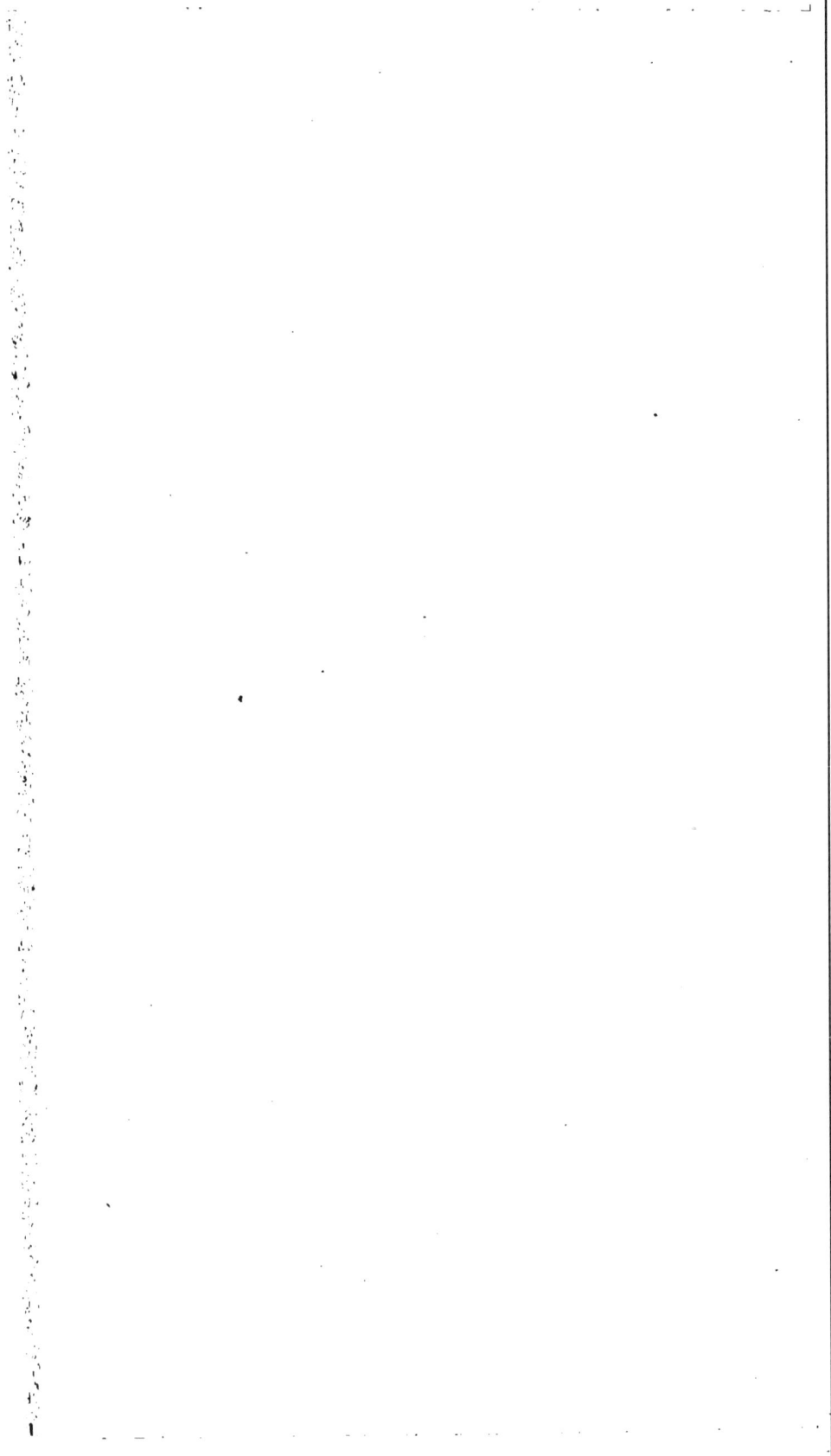

des réalités, et dont cependant les résultats, tombés depuis longtemps dans le domaine public, nous laissent indifférents.

Beaucoup d'industriels emploient concurremment la machine à vapeur et un fluide qui ne coûte rien : le vent ou l'eau. Presque tous les moulins, à farine ou à huile, en outre de leur moulin, soit simple, soit automoteur, possèdent un moteur à vapeur qui se met en marche lorsque le vent faiblit. De même dans les moulins à eau et autres ateliers utilisant l'eau comme force motrice, le moteur à vapeur est là et sert au moment voulu.

Le marteau-pilon est une machine à vapeur spéciale comme la pompe à incendie.

Dans l'une, le piston auquel est fixée la tige du marteau est soulevé par l'action de la vapeur. Dans l'autre, le générateur, monté sur roues, envoie le fluide moteur dans le mécanisme placé sur cette même voiture. La tige des pistons continuée est reliée aux pistons de deux pompes aspirantes et foulantes, de manière à les réunir d'une façon intime. Telle est la construction de la pompe à incendie Merryweather.

La pompe à vapeur adoptée par la ville de Paris est du système Thirion. Le générateur à tubes entrecroisés permet de chauffer, de mettre en pression dans l'espace d'un quart d'heure et de fournir presque instantané-ment des quantités considérables de vapeur.

L'effort de la machine se porte sur un arbre en fer, lequel transmet par des coudes aux bielles des pompes aspirantes et foulantes. Le refoulement de l'eau peut aller jusqu'à 80 mètres de la pompe, paraît-il.

Dans bien des cas, la vapeur a remplacé les antiques moyens employés ; forces naturelles ou force des animaux. C'est ainsi que l'on fait des bacs à vapeur, pour la traversée des fleuves, des grues à vapeur pour le déchargement des bateaux et wagons.

Le moteur à vapeur est celui qu'on trouve le plus généralement dans tous les genres d'industrie. Il serait puéril d'énumérer ses mille applications, dont nous avons passé les plus importantes en revue.

Chaque fois qu'un commerçant, un fabricant ou un industriel quelconque a besoin de force motrice, c'est au moteur à vapeur qu'il va la demander. Quelquefois, pour des raisons matérielles, il ne peut l'employer, mais, dans la plupart des cas, c'est plutôt à la vapeur qu'à tout autre fluide qu'il s'adresse, parfois avec une certaine économie d'achat et d'entretien.

X. DIFFÉRENTS MODES D'EMPLOI DE LA VAPEUR

Nous avons terminé la description de tous les types si multiples de moteurs à vapeur ; il ne nous reste qu'à parler des divers modes d'emploi du fluide lui-même.

Dans toutes les machines modernes, la vapeur, après avoir travaillé sous les deux faces du piston, s'échappe dans l'atmosphère ou va se perdre dans un condenseur. Pour que la machine continue d'agir, il faut donc qu'une nouvelle quantité de vapeur arrive et ajoute son effet avant de s'échapper à l'extérieur. Des ingénieurs, après avoir consciencieusement étudié cette perte désastreuse, ont cherché à l'annuler, ou tout au moins à en réduire l'effet, en faisant rendre à la vapeur toute l'élasticité qui pouvait lui rester après avoir travaillé sous les deux faces du piston. M. Marc Séguin, l'inventeur des chaudières tubulaires, y songea le premier, et, en 1838, il présenta à l'Académie des Sciences un mémoire : *Projet de machine à vapeur pulmonaire*, dans laquelle il espérait rendre à la vapeur, avec d'immenses avantages, la chaleur qu'elle perd après chaque expansion périodique. Car on sait que l'élasticité, la pression de la vapeur ne dépend que de sa température. Plus elle est chaude et plus sa tension est considérable. Il n'y avait donc rien de singulier à ce que l'on essayât, en réchauffant le fluide, de lui faire reprendre sa puissance primitive.

Pendant longtemps cette belle question fut laissée de côté et ce ne fut qu'en 1855 qu'un ingénieur prussien établi en Angleterre, M. Siemens, la reprit, et appliqua ce système de marche à une machine à vapeur de la force de 100 chevaux. Plus tard il perfectionna encore cette *machine à vapeur régénérée* et en fit construire un nouveau type de 40 chevaux, par deux mécaniciens anglais, MM. Fox et Henderson, laquelle machine réalisa l'énorme économie des 2/5 de combustible.

Pour arriver à un tel résultat voici comment procédait M. Siemens :

Lorsque la vapeur avait agi dans le grand cylindre moteur, elle passait dans un plus petit, où elle reprenait une certaine quantité de chaleur (le cylindre était chauffé au bain-marie) et finissait de rendre un travail utile.

Il y a une certaine analogie entre la machine Siemens et celle à air chaud de M. Franchot. Dans l'une comme dans l'autre c'est toujours la même masse de fluide, tour à tour échauffée et refroidie, qui travaille.

Lorsque M. Boutigny eut fait connaître le résultat de ses belles expériences sur l'état sphéroïdal de l'eau, un ingénieur français, M. Testud de Beauregard, proposa d'employer la vapeur *surchauffée*, et à une tension énorme.

Pour produire instantanément de la vapeur à haute tension, M. Boutigny d'Évreux employait un générateur cylindrique et vertical.

A plusieurs points de sa hauteur ce cylindre contenait des plaques, percées d'un grand nombre de trous comme des écumoires[1]. L'eau froide, tombant goutte à goutte sur ces plaques dont la température allait croissant jusqu'au fond où elles étaient rouges, l'eau se vaporisait presque immédiatement et adoptait l'état sphéroïdal, état dans lequel la vapeur acquiert une tension considérable. Dans l'espace de quelques secondes, l'eau était vaporisée et pouvait travailler dans le mécanisme moteur, placé à part, et dont la disposition était la même que celle des machines horizontales.

L'appareil de M. Boutigny fut construit et expérimenté — ce qui est assez rare dans ces sortes d'inventions — et il fonctionna pendant longtemps avec un certain succès dans la fabrique de bougies stéariques de MM. Jaillon, Moinier et Cie à la Villette. Cette idée de la vaporisation instantanée de l'eau était ingénieuse, aussi ne tarda-t-elle pas à porter ses fruits.

Après M. Testud de Beauregard, MM. Belleville, Isoard, Clavière se sont occupés avec succès de cette nouvelle application de la vapeur.

Deux américains, MM. Wathered, présentèrent à l'exposition universelle de 1855, une machine qui fut peu remarquée quoiqu'elle méritât de l'être. Dans cette machine, une partie de la vapeur produite, avant d'exercer son effet mécanique, passait dans un serpentin exposé à la chaleur d'un foyer, y acquérait une pression considérable et se mélangeait ensuite avec la vapeur à moindre tension pour travailler dans le mécanisme moteur.

Un ingénieur français affirme qu'une seule forme de

---

[1] *La Révolution industrielle*, par M. Testud de Beauregard.

générateur est absolument inexplosible : c'est la forme
dite en serpentin. Cette affirmation est juste, car, si
par quelque hasard le tube se fend, le dommage n'est
pas grave, la vapeur qui s'y trouve ne peut produire
aucun ravage important, par suite de sa petite quantité.
Elle s'échappe au dehors et le seul dégât se borne au
remplacement de la partie du tube crevé et à une sou-
dure. C'est un arrêt, mais sans conséquences dange-

Fig. 85. — Locomotive sans foyer, système Lamm et Francq.

reuses ce qui est un avantage immense et qui, seul de-
vrait faire adopter la forme tubulaire et serpentine
pour les générateurs à vapeur.

MM. Lamm et Francq ont utilisé d'une autre manière,
fort ingénieuse aussi, la vapeur, en la comprimant,
comme on fait de l'air, dans un réservoir qui devient
par là une sorte de locomotive sans foyer. Ce système
est employé pour la traction des tramways de Rueil à
Port-Marly (fig. 85.)

A la station de départ est installé à demeure un vaste générateur à vapeur. Avant de partir, la locomotive s'approche, un tube la met en communication avec le générateur et on ouvre le robinet. La vapeur se précipite alors, et remplit la chaudière. Lorsque le mécanicien s'aperçoit à son manomètre que la pression est arrivée au degré voulu il ferme le robinet, enlève le tuyau et se trouve prêt à partir. La manœuvre n'est donc ni difficile, ni longue. Pour la marche, on ouvre le régulateur qui donne accès à la vapeur dans le cylindre et comme la vapeur est à une haute pression, la quantité dépensée se trouve bien moindre que celle des machines ordinaires.

L'épaisseur de la chaudière Lamm et Francq, est de 0,03 cent. et elle peut résister à 80 atmosphères, quoique la pression ne soit ordinairement que de 12 à 13. La locomotive sans feu n'est en réalité qu'un réservoir roulant de vapeur comprimée.

La machine à vapeur, sous quelque forme qu'elle se présente à nos yeux, nous semble un engin merveilleux. Cependant, d'après les calculs de MM. Hirn, Regnault et autres savants compétents, il paraîtrait que nous n'en sommes encore qu'à l'enfance de l'art. Ainsi, la transformation de la chaleur en mouvement, transformation qui se produit dans les organes de la machine, absorbe presque les deux tiers de la chaleur employée. Voici comment s'exprime M. Regnault :

« Dans une machine à détente, sans condensation, « où la vapeur pénètre à 5 atmosphères, et sort sous « une atmosphère de pression la quantité de chaleur « utilisée par le travail mécanique, est seulement « d'un *quarantième* de la chaleur donnée à la chau-

« dière. Dans une machine à condensation recevant
« de la vapeur à 5 atmosphères et dont le condenseur
« représenterait une force élastique de 55 millimètres
« de mercure, l'action mécanique est un peu plus
« du *vingtième* de la chaleur, donnée à la chau-
« dière. »

Qu'ajouter ensuite à ce document? les chiffres et les
expériences sont là pour nous prouver brutalement,
une fois de plus, que ce que nous croyons parfait en
est encore quelquefois bien loin.

CHAPITRE VII

MOTEURS ÉLECTRIQUES

———

**Moteurs Froment, etc. — Systèmes modernes.
— Applications de l'électricité.**

———

I. MOTEURS FROMENT, PAGE, JACOBI, ETC.

Malgré les immenses résultats pratiques de la machine à vapeur, longtemps après que celle-ci fut inventée, de nombreux inventeurs ont cherché à la remplacer par un autre moteur, et notamment par l'électricité. Depuis 1838, époque à laquelle M. Jacobi fit sa première expérience, le moteur électrique a fait peu de progrès. Cette cause tient principalement au prix de production de l'électricité. Un cheval-vapeur de force, engendré par une machine à vapeur, coûte 80 centimes l'heure; par l'électricité il coûte 20 francs. C'est pourquoi l'emploi de l'électricité comme force motrice ne s'est pas répandu.

Le premier pas, dans cette invention, fut fait par
Arago et Ampère en 1820 lorsqu'ils imaginèrent l'é-
lectro-aimant.

Un électro-aimant se compose de deux barreaux de
fer doux, réunis par une lame de fer, ou contournés en
fer à cheval. Autour de ces barreaux est enroulé en
spirale un fil de cuivre entouré de soie ou de coton. Si
l'on fait passer dans ce fil un courant électrique, les
barreaux s'aimantent instantanément et, quoiqu'ils ne

Fig. 84. — Électro-aimant en   Fig. 85. — Électro-aimant
     fer à cheval.   simple.

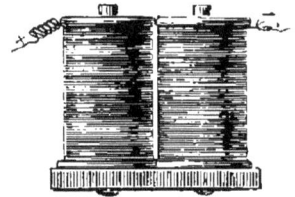

soient que des aimants artificiels, ils deviennent plus
énergiques que les aimants naturels.

La première application des électro-aimants fut faite
par M. Pouillet qui construisit un appareil pour prouver
leur puissance. Un électro-aimant en fer à cheval est
soutenu par deux piliers en bois. Au-dessous se trouve
une *armature*, simple plaque de fer à laquelle est accro-
chée par des chaînes la plate-forme, ressemblant au
plateau d'une balance-bascule. Lorsque le courant passe
dans les spires de la bobine, les barreaux s'aimantent
et attirent l'armature qui supporte les poids à enlever.
Dans ce premier appareil, l'électro-aimant pouvait
soulever un poids de 2500 kilogrammes. Pour le faire

retomber et cesser l'action de l'aimant, on n'avait qu'à interrompre le courant électrique, car l'aimantation cessait en même temps que lui.

C'est d'après cette remarque d'aimantation et de dés-aimantation rapide, provoquant l'élévation et la chute d'une masse de fer, que l'on a essayé de construire un moteur électrique.

Les premiers essais dans ce sens furent accomplis par le physicien russe Jacobi, qui tenta d'appliquer l'électricité à la navigation fluviale. La pile électro-motrice de M. Jacobi était du système de Grove. Dans la première expérience que ce physicien fit sur la Néva, en 1839, cette pile était composée de 128 cou-ples, zinc et platine, d'une surface de 32 pieds carrés. Le mécanisme moteur se trouvait être un disque de fer monté sur l'arbre de couche et que six forts élec-tro-aimants faisaient tourner. Le mode de propulsion était deux roues à palettes placées de chaque côté du bateau.

La chaloupe munie de cet appareil et portant douze personnes remonta le courant du fleuve, malgré un vent violent, soufflant en sens contraire. Quoique la pile fût d'une grande puissance (elle rougissait en quel-ques secondes un fil de platine de 2 mètres de long), l'effort développé ne se trouva être égal qu'aux trois quarts d'un cheval-vapeur. C'était bien peu, trop peu même en raison de l'excessive dépense de la pile.

Pendant toute la durée de l'expérience, les opérateurs furent extrèmement incommodés des vapeurs nitreuses se dégageant de l'appareil, vapeurs qui les força d'inter-rompre à plusieurs reprises leurs travaux.

Après de consciencieux calculs, M. Jacobi acquit la

certitude que l'électricité était inapplicable, au point
où se trouvait alors la science. Le problème à résoudre
était déjà le même qu'aujourd'hui : la production à
bon marché de l'électricité.

Il est difficile d'employer pour la production de la
force motrice les piles ordinaires.

La pile Bunsen, la plus puissante des piles connue,
est d'un prix de revient très coûteux; celles de
MM. Daniell et Leclanché, bien moins fortes mais dont
le courant peut durer indéfiniment, demandent un très
grand nombre d'éléments pour donner un effet vraiment utile et sont, par cela même, fort embarrassantes. Les piles auxquelles on pourrait plutôt songer
sont celles dites thermo-électriques et celles à courants
secondaires.

C'est Seebeck qui eut la première idée des piles thermo-électriques, c'est-à-dire engendrant un courant,
par l'impression de la chaleur sur une chaîne formée
de lames et de barreaux d'antimoine et de bismuth.
Après lui, Nobili et Melloni perfectionnèrent son appareil. De nos jours on ne connaît que la pile thermo-
électrique de M. Clamond.

Cette pile a la forme d'un poêle de fonte à ailettes.
Elle peut se placer dans les appartements et servir de
fourneau. Le chauffage est le coke et le courant produit
par la chaleur de sa combustion engendre le courant
qui ne coûte rien.

On se sert le plus généralement de l'appareil de
M. Clamond pour l'éclairage électrique; les petits
modèles chauffés au gaz, système Gaiffe et Clamond,
servent, dans la machine de M. Lenoir, à enflammer le
mélange d'air et de gaz que contient le cylindre moteur.

La première idée de la pile à courants secondaires est revendiquée par M. Planté, inventeur et constructeur de l'appareil moteur du bateau électrique le « *Téléphone* ». A vrai dire, l'appareil de M. Planté n'est pas une pile, c'est un réservoir, un magasin d'électricité à haute tension.

Cet appareil se compose de deux feuilles de plomb, réunies ensemble au moyen d'attaches isolantes en caoutchouc, et enroulées en spirale, de manière à tenir le moins de place possible, tout en développant une très grande surface.

Ces feuilles de plomb sont renfermées dans un vase cylindrique en cristal, rempli d'eau additionnée d'un dixième d'acide sulfurique. Pour charger cette pile, on met en contact avec les deux feuilles de plomb, les deux fils conducteurs d'une pile ordinaire, Bunzen ou Daniell ou d'une machine magnéto-électrique en activité.

Au bout d'un certain temps, l'appareil Planté est chargé et peut mettre en action n'importe quelles machines jusqu'à ce que le fluide qu'il détient soit complètement dépensé. Il peut produire pendant les premiers moments de sa décharge une action puissante. Malheureusement cette action ne peut durer longtemps.

L'accumulateur Faure ressemble beaucoup à cette pile, seulement il a la propriété de contenir une quantité illimitée de fluide, dit-on. Ce fait, jusqu'ici, n'a pas été prouvé d'une manière satisfaisante.

D'autres inventeurs, après M. Jacobi, se sont occupés à chercher un nouveau moteur électrique. Ce sont MM. Patterson, Taylor, l'abbé dal Negro, Elija Paine, de New-York, Page, etc. Cependant la seule tentative

14

remarquable qui fut faite à cette époque, est celle de
M. Davidson en Écosse qui, ayant installé sur une sorte
de locomotive son moteur électrique, vit cette dernière
remorquer un poids de six tonnes.

Nous verrons plus loin, en détail, la construction
d'une locomotive de ce genre, récemment inventée, et

Fig. 86. — Moteur électrique Bourbouze.

dont la disposition est à peu près la même que celle
de M. Davidson.

La machine électro-magnétique de M. Page, dont la
description produisit une certaine sensation aux États-
Unis était construite sur le principe des électro-aimants
creux, c'est-à-dire dans lesquels les barreaux de fer
doux sont mobiles. Beaucoup de moteurs électriques

modernes sont édifiés de la même façon. Ainsi disposés, leur marche est analogue à celle des machines à vapeur à balancier et à simple effet. Le cabinet de physique de la Faculté des sciences de Paris possède un moteur de cette forme, d'une puissance d'environ un demi-cheval-vapeur. Il a été construit par M. Bourbouze[1].

Dans ce moteur (voir fig. 86), la pile électrique, du système de Bunzen, est renfermée dans le socle de l'appareil et les fils, avant d'arriver aux bornes, passent par un commutateur qui interrompt ou intervertit le le mouvement de l'appareil.

De cette façon, les vapeurs nitreuses qui se dégagent de la pile ne peuvent aucunement incommoder les expérimentateurs.

Il est vrai qu'en remplaçant l'acide nitrique du vase poreux par du bichromate de potasse additionné d'acide sulfurique, elle perd absolument toute mauvaise odeur.

Mais les moteurs électriques qui, jusqu'à présent, ont donné les meilleurs résultats sont ceux de M. Froment.

M. Froment, mort en 1863, le plus célèbre constructeur d'instruments de précision de France et même d'Europe, créa un grand nombre de types de moteurs électriques, parmi lesquels nous en citerons deux des plus importants et des mieux conçus.

Le premier est disposé verticalement. Les électro-aimants moteurs sont fixés sur quatre montants en fonte, de deux mètres de hauteur. Sur le sommet se trouve le commutateur, dont le jeu distribue le fluide dans chacun d'eux. Par leur action successive, les aimants font tourner avec une certaine rapidité l'arbre

---

[1] Voyez l'*Électricité*, par M. Baille, Bibliothèque des Merveilles.

fixé entre deux butées. La transmission s'opère au
moyen de deux engrenages d'angle, dont l'un est calé
sur l'arbre de la poulie. Cet appareil communiquait la
force motrice aux machines à diviser de l'atelier de
M. Froment.

Le même constructeur fit ensuite fabriquer un

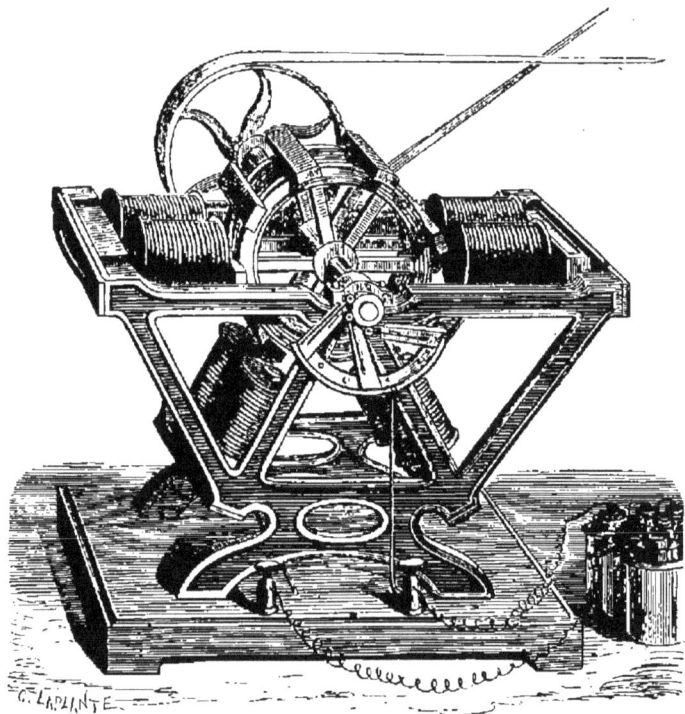

Fig. 87. — Moteur Froment (Dessus enlevé).

moteur, tout à fait différent du premier, et qui donna
des résultats inattendus. Voici comment était disposée
cette seconde machine (fig. 87) :

Sur un bâti en fonte, sont fixés les électro-aimants,
au nombre de trois ou quatre ordinairement. Soutenu
par un arbre en fer, reposant sur des paliers, est placé

une roue de cuivre, sur laquelle se trouvent fixées à distances égales les unes des autres de larges plaques de fer doux.

Par un artifice de mécanique ingénieux et que la roue met en mouvement, une sorte de commutateur dirige le courant dans chaque électro-aimant à son tour.

C'est-à-dire que, lorsqu'on met cette machine en action, le courant passe d'abord dans un électro qui attire la plaque la plus près de lui. Lorsque cette armature a dépassé le point d'attraction, le courant passe dans un second électro qui agit à son tour pour l'attirer, et ainsi de suite, chaque effet succède mathématiquement à l'effet précédent, et la roue tourne avec une rapidité variant d'après l'intensité du courant.

Comme nous le disions, ce moteur est le meilleur dans son genre, qui ait été inventé jusqu'ici, et c'est le seul qui ait jamais été employé à une œuvre sérieuse. M. Froment son constructeur s'en servait comme de moteur dans ses ateliers. Quelques industriels l'ont imité et c'est du modèle à roue qu'ils se sont servis.

II. MOTEURS ÉLECTRIQUES

De MM. de Molin, Larmenjeat, Loiseau, Bonnet, Roux, Luizard, etc.

Depuis M. Froment, la forme et la disposition des moteurs électriques a bien souvent varié, quoique en réalité le principe soit toujours le même : la force attractive d'un ou plusieurs électro-aimants.

Parmi tous ces différents systèmes, nous choisirons les types principaux, ceux dont on trouve de petits modèles chez les fabricants d'instruments de précision et quelques autres, qui, essayés en grand, ont donné quelques résultats pratiques.

Le bateau de M. de Molin, par exemple, pourrait être rangé dans cette dernière section. Il fut expérimenté en 1866 sur le lac du bois de Boulogne et il remonta facilement contre le vent en portant 14 personnes, ce qui équivalait à la force de deux bons rameurs.

M. Larmenjeat a inventé aussi un système de moteur dans lequel l'arbre portait enroulé en hélice autour de lui, une lame d'acier tournant par l'attraction de trois paires d'électro-aimants[1].

M. Loiseau, constructeur d'appareils de physique, a

[1] Le *Moteur électrique*, par L. Figuier.

présenté à l'Exposition universelle de 1867 une série
de petits moteurs dont voici les principaux :

L'électro-aimant, dans l'un, est placé sur une plan-
chette et deux bornes amènent le courant. Au-dessus et
à une très petite distance des deux barreaux se trouve
l'armature, petite plaque de fer ordinaire, qui se trouve
tour à tour attirée et repoussée pendant le passage du
courant. A un bout, cette armature est supportée par

Fig. 88. — Moteur Loiseau.

un pilier de cuivre où elle pivote facilement, et à
l'autre, celui où l'oscillation est le plus sensible, est
fixée une bielle communiquant le mouvement au moyen
d'un arbre coudé, à une petite roue servant de volant
de transmission (voir fig. 88).

Ainsi disposé, ce petit moteur est celui que l'on
vend partout pour la démonstration de la transformation du fluide électrique en travail mécanique. On y a
adapté une pompe et divers objets que le moteur fait

tourner. C'est la manière la plus simple d'instruire en
intéressant.

Le même inventeur a construit un autre moteur qui
sert principalement à faire tourner des tubes de Geissler.
L'armature est remplacée par le bâti même, lequel
est en fer, et ce sont les électro-aimants, qui, fixés

Fig. 89. — Moteur de M. Bonnet.

sur l'axe, sont mobiles. C'est diamétralement opposé
à la disposition précédente, malgré cela son usage
est assez répandu.

M. Casal, ingénieur français, a aussi imaginé un moteur électrique, peu différent de celui que nous venons
de décrire, et il l'a appliqué à la marche des machines
à coudre.

M. Bonnet, fabricant d'appareils électriques, a varié, d'après leur destination, la forme de ses moteurs. Dans la disposition verticale, une rondelle de fer est attirée tour à tour par deux électro-aimants *circulaires*. La tige à bielle articulée, transforme en mouvement circulaire, le mouvement de haut en bas alternatif que subit cette sorte de piston. La disposition horizontale est à peu près la même chose. Le disque-piston est remplacé par une simple lame de fer, et la tige, montée directement sur le volant, est articulée.

On voit aussi quelques moteurs dans lesquels l'aimant attire, non pas les plaques placées à la surface extérieure de la roue, mais les bras de la roue eux-mêmes. L'inconvénient dans ce genre d'appareils est, que la perte d'électricité est par trop considérable. Aussi ne s'en sert-on que peu, pour la rotation des tubes de Geissler (fig. 89).

M. Allen et M. Luizart ensuite ont décrit d'autres mécanismes électriques. Le système de M. Luizart consiste dans l'emploi des barreaux mobiles, et comme dans son moteur, l'oscillation de l'armature est exagérée, l'effet en est beaucoup plus grand. Chaque mouvement du barreau fait accomplir une révolution aux volants dont sa machine est pourvue et rend possible les vitesses de 160 tours à la minute.

M. Gaiffe possède aussi un type de moteur électrique. C'est une petite locomotive, simple appareil de démonstration, sur laquelle est fixé le mécanisme moteur, consistant en une roue à encliquetage, calée sur l'essieu des roues motrices et que les électro-aimants, au nombre de deux, font tourner au moyen d'un cliquet de cuivre.

Le courant électrique qui passe dans les spires de l'aimant, arrive par les rails, entre lesquels se trouve le commutateur que la locomotive déclanche, lorsqu'arrivée à bout de course, elle va revenir en arrière.

M. Radiguet possède un type de petit moteur électrique, curieux par sa disposition. La roue motrice est en fer, et ce sont deux électros, attirant sa circon-

Fig. 90. Moteur électrique de M. Gaiffe.

férence, qui la font tourner. Ensuite l'appareil est monté sur le couvercle de la pile, pile au bi-chromate bien entendu. Toutes les dispositions inventées par cet ingénieux physicien, sont extrèmement variées, aussi est-il impossible de les décrire en détail.

Chaque constructeur d'appareils de précision fabrique un type différent de moteur électrique, mais partout c'est, non pas pour servir à l'industrie, mais bien en quelque sorte comme amusement scientifique. Le dernier modèle inventé que nous connaissions est celui de M. Trouvé. Il se compose d'une bobine Siemens perfectionnée et d'une grande puissance. C'est le plus énergique et le meilleur de tous ceux inventés jusqu'ici.

Disons un mot maintenant de l'avenir probable des moteurs électriques.

La cherté excessive de l'électricité produite par les piles, est une chose qui empêchera beaucoup ces sortes d'appareils de se généraliser. Ensuite, pour que les moteurs électriques rendissent un effet vraiment utile, il faudrait que la course de l'armature ou du cylindre, fût beaucoup plus grande, ce qui est impossible, car l'attraction de l'aimant diminue, comme l'attraction planétaire, selon le carré des distances. De plus, ces moteurs sont excessivement lourds : un moteur de la force d'un homme, construit par M. du Moncel pesait 500 kilog., celui de M. Froment, déjà cité, d'une puissance de 2 chevaux-vapeur 800 kilogrammes.

On pourrait, il est vrai, puisque l'électricité engendrée par les machines dynamo ou magnéto-électriques ne coûte presque rien, l'employer à cette fin, mais comme pour faire tourner le cylindre de la machine Gramme il faut un moteur, gaz, vapeur, air chaud, eau, etc., est-il préférable d'utiliser directement cette puissance motrice, au lieu de lui faire subir tant de changements dans lesquels elle ne peut que s'amoindrir.

Depuis l'invention de l'accumulateur Faure, variété de pile à courants secondaires, une société intitulée : *La Force et la Lumière* par l'*Électricité*, vient de se fonder à Paris sous le patronage d'un banquier très connu. Elle a pour but de fournir la force motrice à

domicile, ainsi que la lumière, le tout à un prix extrêmement minime. L'accumulateur Faure, disent les
prospectus rédigés scientifiquement, peut fournir 5 kilogrammètres pendant 7 heures. Cet énoncé semble peu
probable. Les expériences faites jusqu'ici n'ont pas, du
moins, donné de tels résultats, tant s'en faut, aussi ne
peut-on se prononcer définitivement sur l'avenir de
cette curieuse force motrice.

III. LES APPLICATIONS DE L'ÉLECTRICITÉ
COMME FORCE MOTRICE

Vu sa dépense excessive, son volume et les résultats obtenus à grand'peine, les applications de l'électricité comme force motrice n'ont pas été nombreuses jusqu'à présent. Les inventeurs qui voulaient supprimer la vapeur pour la remplacer par une force plus économique et surtout n'usant pas de charbon, en sont revenus au moteur ordinaire, actuellement irremplaçable d'une façon pratique.

Aussi, sauf un petit nombre de cas, l'électricité a-t-elle été reléguée au second plan et ce n'est que pour le labourage, la navigation et les chemins de fer qu'on a essayé de son emploi.

A vrai dire, le télégraphe est une application de la force motrice de l'électricité; le fluide agit sur les barreaux d'électro-aimants placés à une plus ou moins grande distance et leur fait accomplir divers travaux.

Dans le télégraphe Morse il fait agir le poinçon gaufreur, dans celui de M. Bréguet, il provoque le tremblement de la sonnerie ou mieux du timbre avertisseur, et enfin dans celui de Hughes, il actionne tous les engrenages de l'appareil imprimeur. C'est là l'une des applications les plus usuelles du courant électrique des piles.

Dans le régulateur Serrin et dans l'appareil Foucault-Dubosca pour l'éclairage électrique, une partie du courant qui sert à la production de la lumière, est détournée pour produire l'action mécanique nécessaire à rendre la fixité au point lumineux, sans cesse dérangé par suite de l'usure inégale des charbons.

L'appareil régulateur est trop compliqué pour que nous le décrivions ici, où d'ailleurs, il ne serait pas à sa place. Qu'il nous suffise donc de dire qu'il se compose d'un électro-aimant faisant tourner une série de roues à rochet dont l'une engrène avec la tige à crémaillère du porte-charbon supérieur.

Il y a quelques années des essais de labourage à l'électricité ont été faits à Sermaize-sur-Marne, chez M. Félix. Voici la manière dont on procédait :

L'usine où se trouve le moteur et la machine magnéto-électrique est située à 2 kilomètres environ du champ à labourer. Les courants électriques arrivent, par des câbles entourés de gutta-percha, à la machine Gramme placée sur le chariot qui avance comme par l'action de la vapeur. L'hiver, le même industriel bat ses blés en grange par le même procédé, il fait mouvoir des treuils et différents appareils dans des endroits où il serait impossible de se servir d'une locomobile sans craintes d'incendie.

C'est surtout à la navigation que l'on a tenté d'appliquer l'électricité. M. Jacobi, l'inventeur du premier moteur électrique, avait fait construire une chaloupe avec laquelle il fit plusieurs expériences. On sait ce qu'il en advint. Après lui, M. de Molin adapta un moteur électrique à un bateau qui navigua avec douze personnes à bord en remontant contre le vent.... sur un étang. Mais le meilleur système que nous connaissions est celui de M. Trouvé que M. G. Tissandier a décrit dans le n° 419 du journal la *Nature*.

Le bateau le *Téléphone*, dit M. Tissandier, a 5ᵐ,50 de

Fig. 91. — Bateau électrique M. Trouvé.

longueur sur 1ᵐ,20 de largeur et pèse 80 kilogrammes. Au milieu se trouvent les piles au bi-chromate de potasse, deux batteries de six éléments chacune et d'un poids total de 24 kilos. L'emploi de deux batteries est plus commode, parce que la nuit on peut marcher avec l'une et s'éclairer électriquement avec l'autre

Le moteur, qui ne pèse que 5 kilogrammes est fixé sur le gouvernail. Par ce moyen les fils conducteurs servent en même temps de guides, car ils sont isolants.

L'appareil moteur se compose d'une bobine perfectionnée Siemens, dont l'énergie est très grande. Cette bobine, par un dispositif très simple actionne une roue, laquelle communique son mouvement avec une chaîne Galle, à une hélice à trois branches, dont les pivots sont sur la plaque de tôle évidée du gouvernail.

Tel est, en détail, l'agencement de ce bateau qui a fonctionné pendant un certain temps sur la Seine, près du quai des Tuileries et qui a été visité par les électriciens les plus en renom ainsi que par les célébrités de la science.

Un autre bateau électrique a fonctionné également sur une rivière, il y a quelque temps. L'inventeur, M. Simura, emploie aussi des piles au bi-chromate, mais son moteur diffère totalement de celui de M. Trouvé. Son énergie est aussi très grande, paraît-il, et elle se base sur la puissance des électro-aimants.

La vitesse de rotation de l'arbre de couche, dans les expériences faites l'année dernière a varié entre 50 et 110 tours par minute, d'après l'énergie du courant électrique, et la marche obtenue du bateau s'entend de 15 à 25 kilomètres à l'heure, environ 6 mètres à la seconde pendant la plus grande vitesse, lorsque l'hélice donnait de 80 à 100 tours à la minute ou 1t.5 à la seconde, et le courant à sa plus haute tension. Le prix d'entretien de la pile était de 1 fr. 80 c. l'heure.

Ces expériences, dont le résultat nous a été communiqué par un de nos amis, qui a vu fonctionner ce bateau à Boulogne-sur-Mer, sur la petite rivière la Liane, nous paraissent les plus concluantes et les mieux conduites qui aient jamais été faites, comme prix de production de la force et rendement en travail mécanique. Ajoutons que ce bateau périssoire à fond, plat de 6 mètres de long était monté par trois personnes.

On a beaucoup parlé ces dernières années d'un vélocipède mu par l'électricité et essayé à Paris même. Ce n'est pas la première tentative qui est faite dans ce sens; depuis longtemps on a cherché à appliquer une force motrice quelconque à ces légères machines, mais, il faut le dire, sans grand résultat. Tous les moteurs connus jusqu'ici s'opposent par leur poids, leur volume, l'embarras de leur combustible, à cette application.

Le vélocipède qui nous occupe est ce qu'on appelle un *tricycle* ou vélocipède à trois roues. Cette forme présente une grande stabilité, seulement la vitesse obtenue est forcément moins grande qu'avec un *bicycle* dont la grande roue atteint quelquefois deux mètres de diamètre.

L'appareil moteur avec la pile, est placé sous le siège du conducteur de la voiture et les engrenages, mis en mouvement par les électro-aimants, transmettent leur force aux deux roues motrices au moyen de tiges rigides. Malheureusement le résultat obtenu n'a pas répondu à l'attente de l'inventeur, et cette machine est tombée dans l'oubli.

On a songé aussi à appliquer l'électricité aux locomotives. Après celle de M. Davidson, la locomotive de M. Murchison offre un certain intérêt; voici comment est agencée cette nouvelle machine :

15

Le châssis est supporté par des ressorts prenant leur point d'appui sur l'essieu des roues au nombre de quatre ; c'est sur le châssis qu'est fixé la source d'électricité : douze couples secondaires de M. Planté. Une enveloppe cylindrique en bois recouvre le tout et, sur le dessus, est placé le siège du mécanicien, car cette locomotive d'un nouveau genre n'a que 1^m,20 de hauteur totale.

Pour se rendre bien compte de la marche, il faut regarder la machine au repos.

Lorsque la course est terminée, la locomotive s'ap-

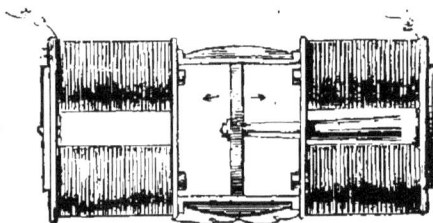

Fig. 92. — Appareil moteur de la locomotive Murchison.

proche de la machine magnéto-électrique et l'on réunit par un fil métallique la source d'électricité avec le *magasin* les piles secondaires. Au bout d'une heure les éléments sont chargés et le galvanomètre indique la quantité d'électricité emmagasinée. On retire le fil et on est prêt à partir. Au signal, le mécanicien ouvre la communication, le fluide passe librement, traverse le fil d'une double bobine d'induction, nouveau système et arrive dans le mécanisme moteur proprement dit.

Ce mécanisme (voir fig. 92) se compose d'un double électro-aimant circulaire entre les pôles duquel oscille un disque de fer, disposé comme le piston d'une ma-

Fig. 93. — Chemin de fer électrique Siemens à l'Exposition de Berlin.

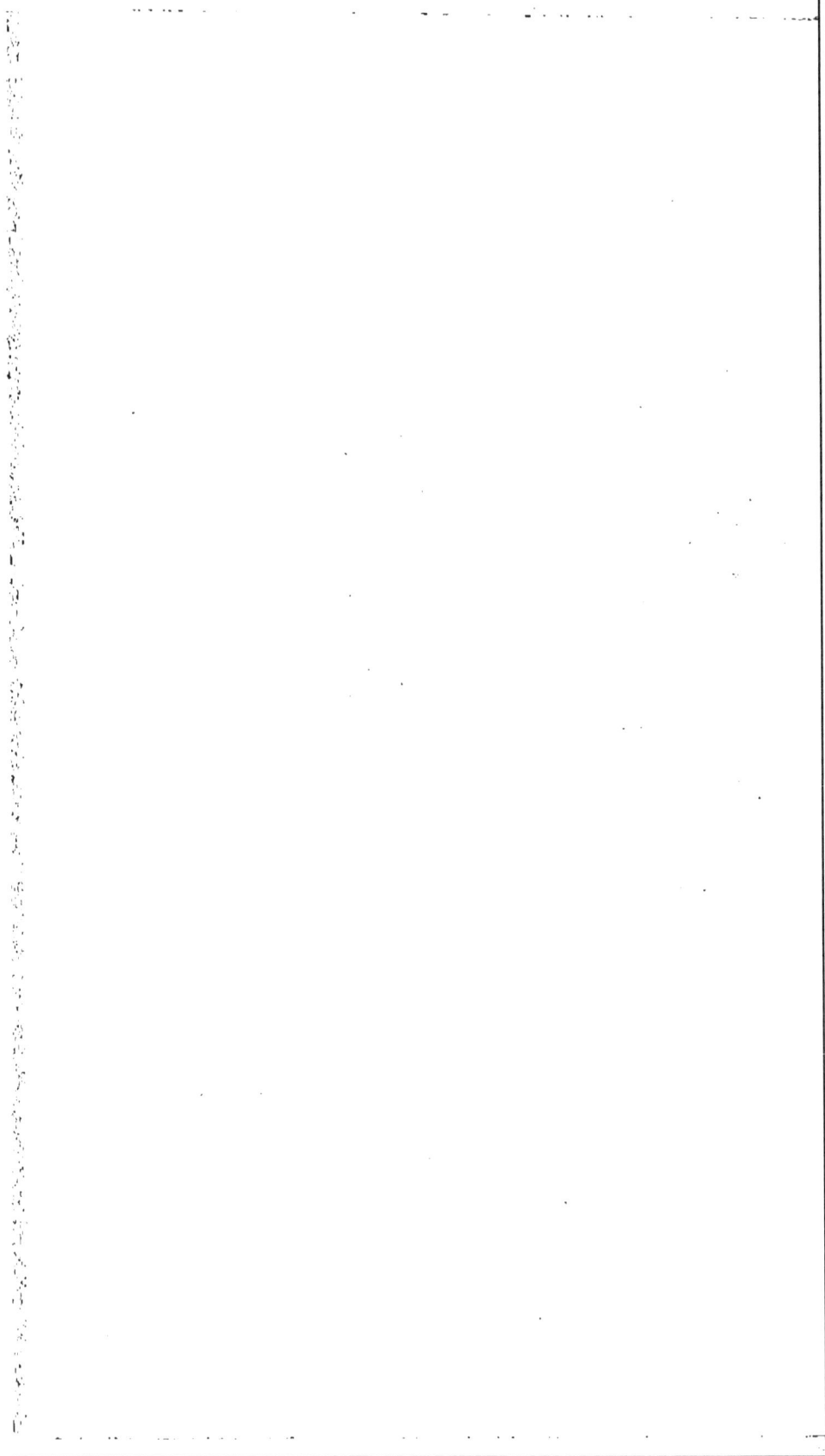

chine à vapeur ordinaire. D'après l'intensité du courant les mouvements de ce disque sont plus ou moins rapides et produisent les changements de vitesse. Lorsque le mécanicien veut arrêter sa machine, l'arrêt est presque instantané car, au moyen d'un dispositif très simple, le courant qui passait dans les électros,

Fig. 94. — Locomotive électrique au repos en charge.

aimante la roue motrice et, par son action énergique sur le rail, retarde, ralentit l'élan et arrête le train en quelques secondes.

Toute l'électricité que renferment les piles n'est pas employée uniquement comme force motrice; une partie sert à rattacher, par le moyen de tampons, aimantés à volonté, les wagons les uns aux autres et à les détacher instantanément; une autre partie fournit la lumière à une lampe électrique placée le soir à l'avant de la locomotive.

Ce système nous semble préférable à celui de M. Siemens dont on a installé le chemin de fer autour de l'exposition de Berlin (fig. 93). L'idée des piles à courants secondaires de M. Planté est, dans tous les cas, très bonne, car ce qui rendait difficile la construction d'une locomotive électrique était le volume et le poids de toutes les piles connues. L'élément Planté n'étant pas une pile, mais un magasin d'électricité à haute tension, sous un petit volume elle contient une forte quantité de fluide, plus grande que celle que pourrait donner à temps égal la Bunzen, pourtant la plus énergique des piles connues.

On a essayé aussi d'appliquer l'électricité à la navigation aérienne. M. Gaston Tissandier a fait manœuvrer un modèle de ballon mu par une petite hélice, empruntant son mouvement de rotation d'un moteur électrique Trouvé, exactement pareil à celui dont ce physicien a fait usage pour son bateau électrique.

La pile employée était celle à courant secondaire de M. Planté. Avec trois éléments, la force dynanométrique du petit moteur était de 125 grammètres, le nombre de tours faits par minute par l'hélice, de 80, et la vitesse de translation de tout le système, de 2 à 5 mètres par seconde en tous sens.

Enfin, si l'électricité doit un jour détrôner la vapeur, il faut reconnaître que jusqu'ici, malgré les quelques progrès accomplis, elle n'a pas répondu à l'attente générale. Au point où en est la science aujourd'hui il est impossible de prévoir avec certaines chances de succès l'avenir réservé aux moteurs électriques. Ils ne deviendront pratiques que le jour où une nouvelle pile, extrêmement énergique, d'un prix d'entretien et d'achat minimes, aura été inventée, ou qu'une pile secondaire pouvant contenir, sous un très petit volume, une quantité considérable d'électricité, aura remplacé ses aînées, piles de Bunzen, de Grove, Daniell, Leclanché, Grenet, Planté, Faure, etc., toutes trop embarrassantes. Là seulement, on pourra espérer de substituer à la force docile de la vapeur, une autre force plus maniable, car, on le comprend bien, les explosions, les incendies seraient impossibles avec un moteur n'usant pas de charbon.

C'est pourquoi une nuée d'inventeurs cherchent, et probablement trouveront un jour, le véritable type de moteur électrique, rudimentaire jusqu'ici, mais appelé non sans raison : le moteur de l'avenir.

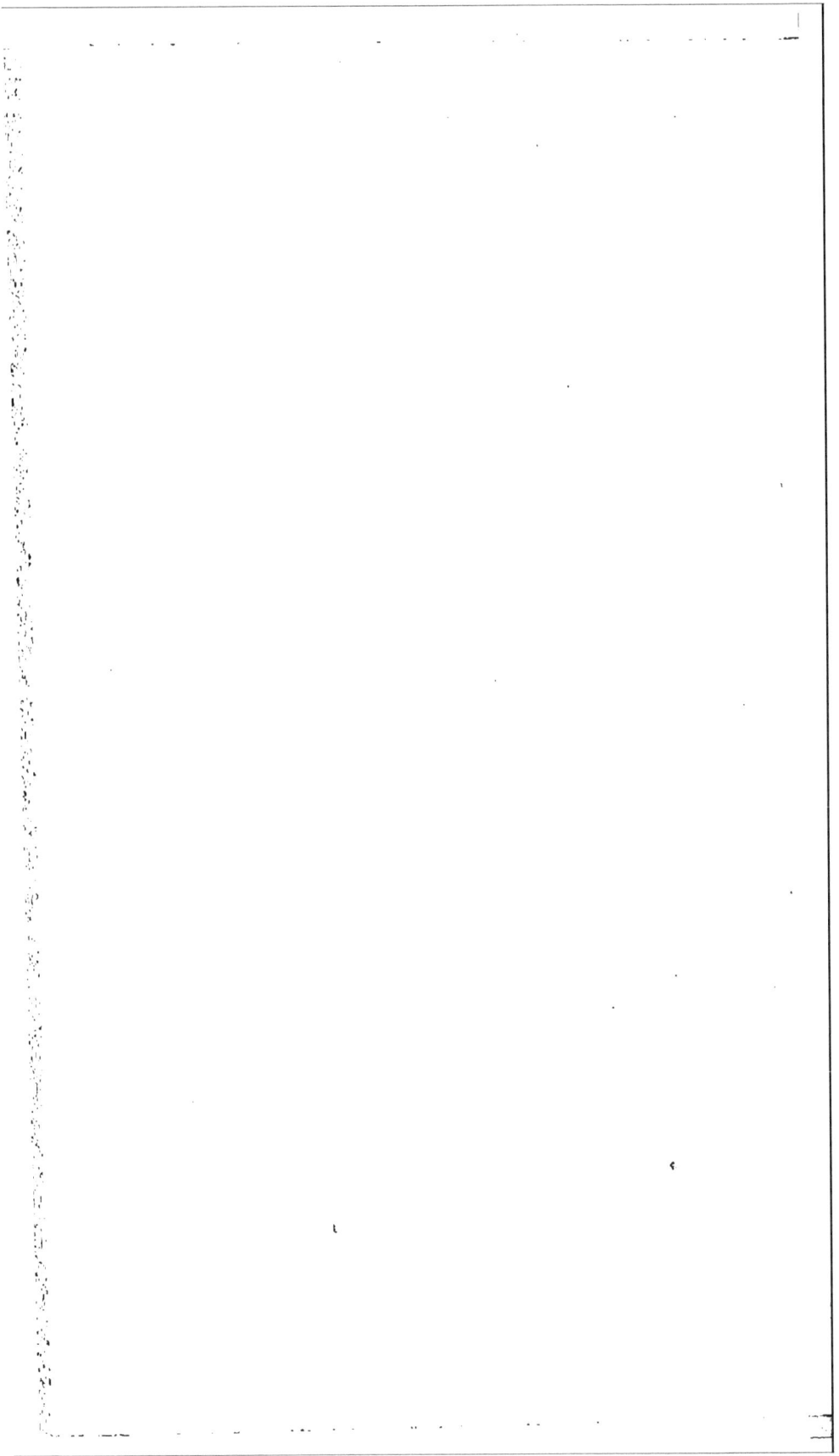

CHAPITRE VIII

MOTEURS A GAZ

Machine Lenoir. — Système Otto. — Système Bisschop. — Moteur Bénier.

I. MACHINE LENOIR

On apprit dans le cours de l'année 1860 qu'un nouveau moteur venait d'être ajouté à la liste déjà longue des moteurs connus. Le principe sur lequel se basait cette machine, n'était que la restauration, à deux siècles d'intervalle, de l'idée de Huyghens. Le savant hollandais, on s'en rappelle, produisait, au moyen de la déflagration de la poudre à canon, un développement considérable de gaz, qui provoquaient d'abord, l'ascension du piston dans le corps de pompe, ensuite un vide artificiel permettant la pesanteur de l'atmosphère de s'exercer sur la face supérieure du piston et de le faire redescendre.

Pour l'inflammation de la poudre, Huyghens plaçait dans le cylindre une mèche d'amadou, allumée à l'avance, disposition fort défectueuse et qui représente

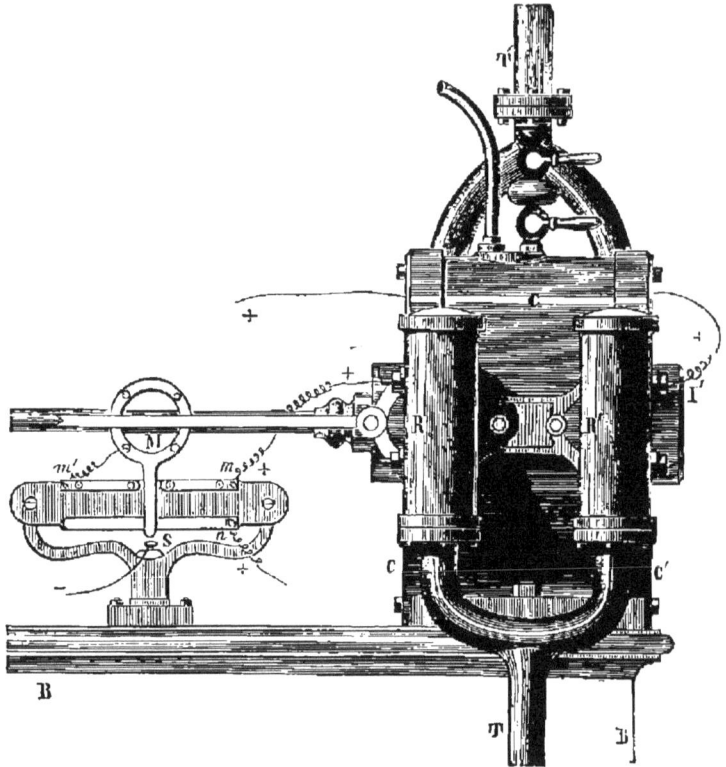

Fig. 95. — Détail de l'appareil moteur de la machine à gaz de M. Lenoir.

L piston. — B socle. — C cylindre-moteur. — RR réservoir d'aspiration d'air et de gaz. — M glissière. — S distributeur. — T' tube d'échappement. — T tube d'aspiration. + — fils conducteurs.

bien l'état encore primitif où en était la science à cette époque.

Ce fut en perfectionnant l'idée de Huyghens que Papin trouva la machine à vapeur. Ce fut aussi en reprenant

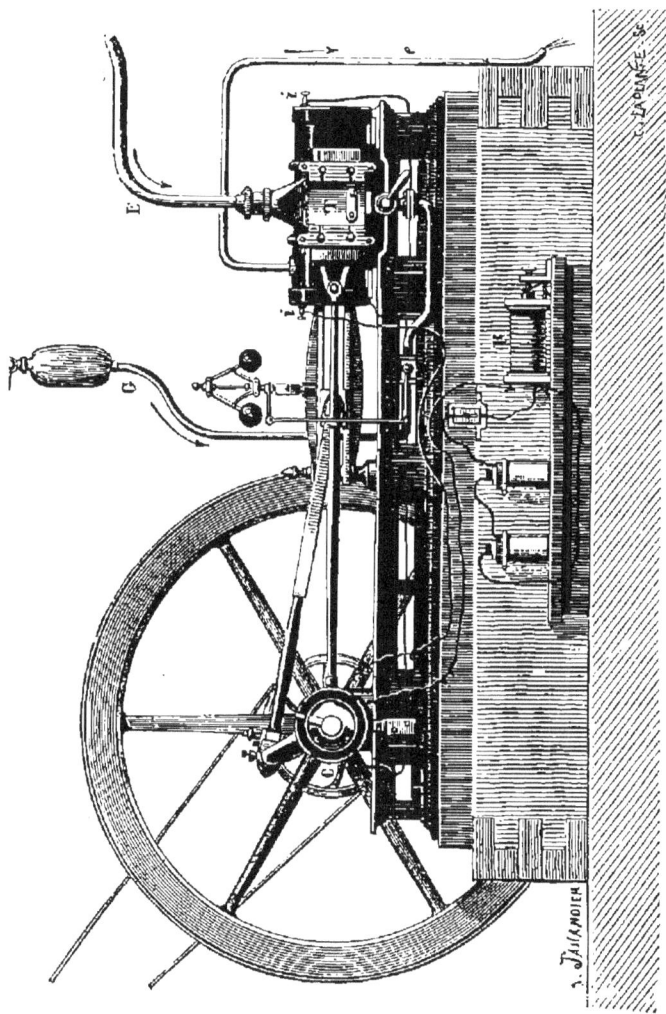

Fig. 96. — Moteur à gaz Lenoir.

G — poche régulatrice et tube de prise de gaz. — E tube d'aspiration d'air. — e tuyau d'échappement. — T tiroir. — C distributeur-commutateur. — R appareil électrique ; pile de Bunzen et bobine Rhum-korff ; — ii bornes réophores.

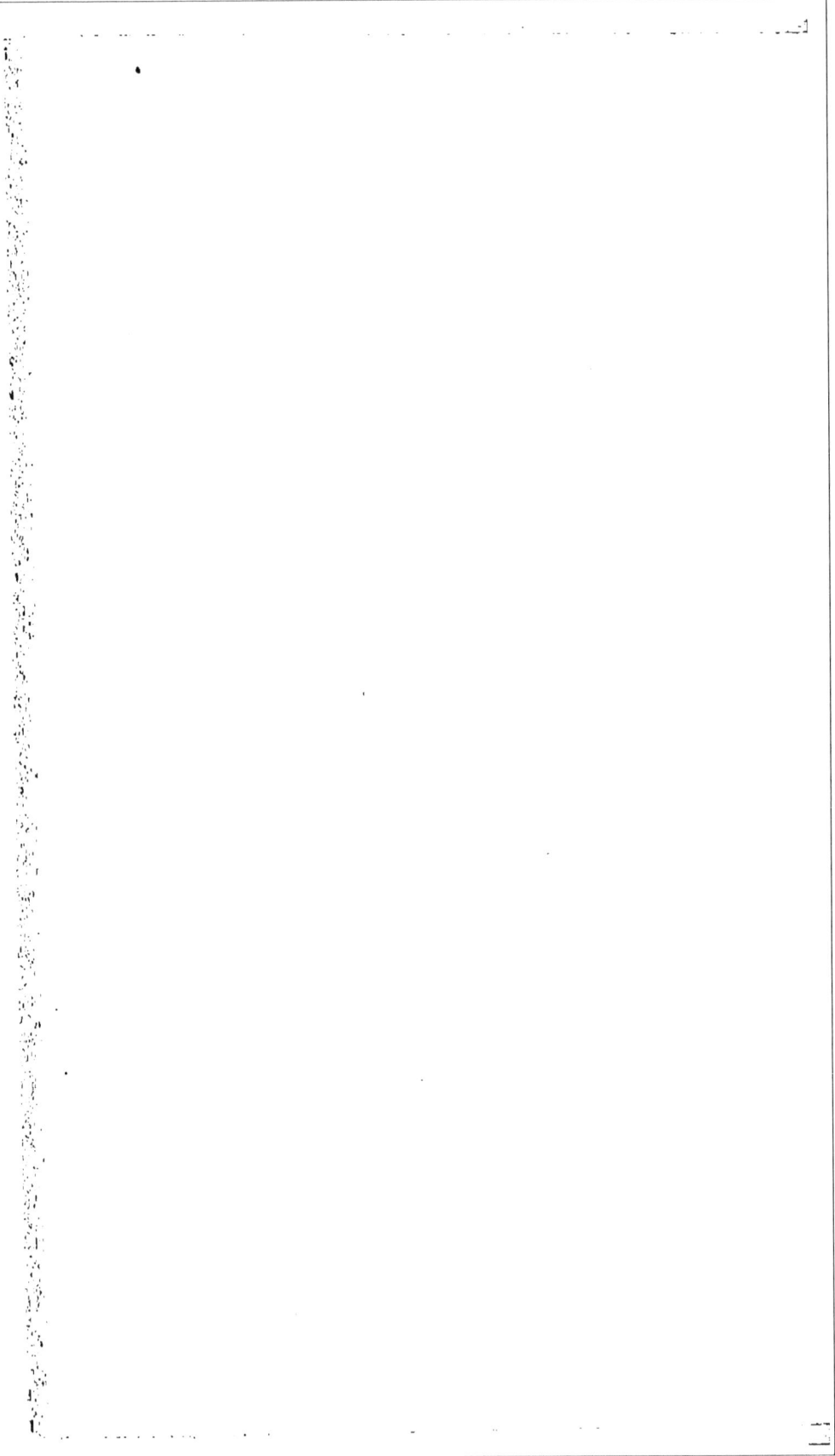

cette idée à un point de vue différent que M. Lenoir créa la machine à gaz.

Le principe de ce moteur est la répétition, avec tous les moyens que la science a mis à notre disposition, de l'expérience tentée en 1682 par le physicien hollandais. C'est ainsi que la poudre, moyen grossier, a été remplacée par le gaz d'éclairage, mélangé à l'air commun, se prêtant beaucoup mieux par sa forme physique aux emplois que Huyghens avait rêvés pour son agent moteur, et la mèche, ce système rudimentaire d'allumage, à l'étincelle électrique, se produisant tantôt en arrière, tantôt en avant du piston. Voici d'ailleurs la construction du moteur Lenoir (voir fig. 96) :

L'aspect général de la machine est celui d'un moteur à vapeur horizontal. Le cylindre est placé horizontalement sur le bâti de fonte, supporté par un socle de pierre de taille, et la bielle avance entre deux glissières. A un bout de l'arbre se trouve le volant régulateur de vitesse, et à l'autre la poulie de transmission. Le piston et les tiroirs seuls sont d'une disposition particulière, à cause de la manière d'emploi du nouveau fluide. Dans ce système, le modérateur de Watt, à force centrifuge, est conservé, e' — c'est là que réside le progrès le plus important — le générateur, si encombrant et si lourd dans les machines à vapeur est supprimé.

Voici ce qui se passe pendant la marche :

Un couple de Bunzen est installé près de la machine. Le courant passe dans une bobine de Ruhmkorff où il se multiplie jusqu'à acquérir la tension suffisante pour produire une étincelle. Des deux fils partant de la bobine, l'un arrive au cylindre et l'autre à l'appareil distributeur.

Cet appareil n'est autre qu'un excentrique fixé sur l'arbre, et sur le collier duquel ont été pratiqués des vides, destinés à interrompre le courant, et à l'envoyer à intervalles réguliers au piston. Lorsque le robinet du tuyau qui amène le gaz est ouvert, ce fluide entre par bulles et se mélange à l'air qui remplit le cylindre. Il arrive, tantôt en avant, tantôt en arrière du piston, d'après le jeu du tiroir, agencé comme pour la distribution de la vapeur dans une machine à vapeur (fig. 95).

Le cylindre étant électrisé négativement, lorsque le piston, électrisé positivement s'approche du fil de platine appelé inflammateur, l'étincelle jaillit et provoque la combustion spontanée du gaz. Par suite de la déflagration de la masse gazeuse, le piston est lancé en avant, la bielle suit le mouvement et fait accomplir un demi-tour à l'arbre sur lequel elle est clavetée. Le tiroir d'échappement est ouvert et les produits de la combustion s'échappent au dehors. Une seconde étincelle jaillit lorsque le piston est à la fin de sa course, enflamme une nouvelle quantité de gaz et le repousse à sa position première.

C'est la répétition de ces mêmes effets qui produit un travail moteur continu faisant tourner le volant d'une façon régulière et suivie.

Comme, lorsque l'inflammation du gaz se propage à l'intérieur, la température s'élève, il est nécessaire de refroidir constamment l'extérieur du cylindre, pour éviter le grippement et la déformation du métal. Ce refroidissement est opéré au moyen d'une couche d'eau froide dans laquelle baigne le cylindre moteur. En réalité, un manchon de fonte entourant ce dernier entièrement, on le remplit à volonté d'eau, arrivant par un tube, et s'écoulant d'elle-même, dès qu'elle a atteint une certaine température.

Une objection a été élevée contre l'adoption de ce moteur. Dans les villes, la marche de l'appareil est assurée, la canalisation est là, on établit un branchement et tout est dit. Mais dans les campagnes il n'en est pas ainsi, et, à moins d'installer des gazomètres, ont dit quelques personnes, il est impossible de se servir de la machine.

M. Lenoir a victorieusement répondu à cette objection en disant que le gaz d'éclairage bicarboné n'est pas indispensable à la marche de son appareil, et qu'on le peut facilement remplacer par la vapeur des hydrocarbures liquides. Dans ce cas, l'excès de chaleur produit par la déflagration du mélange gazeux, à l'intérieur du cylindre, peut être mis à profit pour vaporiser les hydrocarbures, et par conséquent l'entrée et la propagation de la machine à gaz est assurée dans les campagnes.

L'invention du moteur à gaz a une portée immense; elle a fait accomplir un pas considérable à la science des moteurs, car cet appareil a en effet une utilité incontestable dans un grand nombre de cas.

Sa conduite est d'une facilité exemplaire : on ouvre deux robinets et c'est tout.

L'installation est d'une simplicité primitive; le moteur se boulonne dès son arrivée sur le premier massif, la première pierre de fondation venue.

L'entretien n'en est ni difficile, ni coûteux ; il se borne au graissage régulier des pièces.

La pose est rapide; on établit un branchement sur la conduite principale de gaz et un autre tuyau sur la canalisation d'eau.

La consommation n'est pas très grande et réalise, par conséquent, de notables économies sur la machine à vapeur. Surtout, ce qu'il faut considérer, c'est que ce moteur n'exige aucune personne spéciale pour sa conduite, qu'il ne consomme pas à l'état de repos, et que, dans aucun cas, il ne peut causer une explosion dangereuse.

Quelques améliorations ont été apportées depuis 1860, à la machine Lenoir. C'est ainsi que la pile Bunzen et la bobine de Ruhmkorff ont été remplacées par la pile thermo-électrique de Clamond, alimentée comme le moteur même par le gaz d'éclairage.

Aujourd'hui, grâce aux études sérieuses faites sur ce sujet, le moteur à gaz a subi bien des perfectionnements, que nous allons pouvoir apprécier dans les pages qui vont suivre, traitant des moteurs à gaz actuels et de différents systèmes.

II. LE MOTEUR A GAZ OTTO.

La première machine construite après celle de M. Lenoir et ne marchant que par le gaz d'éclairage ou la vapeur combustible d'hydrocarbures liquides, fut celle de MM. Otto et Langen, mécaniciens allemands.

Contrairement à M. Lenoir, ces deux ingénieurs avaient adopté la position verticale pour leur moteur. Le tiroir, le cylindre et leurs accessoires étaient placés sur les côtés d'une forte colonne de fonte, sur le sommet de laquelle se trouvait supporté par des paliers, le volant et la poulie de transmission (fig. 97).

C'était en 1865. Deux ans plus tard les mêmes ingénieurs exposèrent un autre moteur dont la disposition était horizontale, revenant par là à celle employée par l'inventeur français.

Ce système eut plus de succès que le précédent. Quoique pour le bon fonctionnement de l'appareil il fallût des volants lourds et bien équilibrés, il se propagea, et plusieurs moteurs d'une force variant entre 20 et 50 chevaux furent construits en Angleterre.

Après des études consciencieuses, persévérantes, et d'après les indications de la pratique, M. Otto, seul cette fois, corrigeant, améliorant toutes les pièces de son mécanisme, fit connaître le véritable moteur à gaz, si-

16

lencieux, tel que le possède la *Compagnie Française des Moteurs à gaz*, seule concessionnaire du brevet en France.

Dans ce nouveau système, le cylindre est ouvert d'un côté ; le piston, sa tige, l'arbre coudé et la bielle sont analogues aux organes de même nom d'une machine à vapeur horizontale.

Le piston étant au bout de sa course laisse entre lui et le fond du cylindre un espace appelé *chambre de compression*. Par un premier coup de piston en avant, un mélange d'air et de gaz est aspiré dans cette chambre. Lorsque le piston revient sur lui-même il comprime ce mélange ; le tiroir démasquant alors la flamme d'un filet de gaz, allume ce mélange. Une dilatation considérable, vu l'élévation brusque de la température, se produit et chasse le piston qui recommence son jeu. Donc les deux coups ou double-courses sont ainsi divisés :

1er Coup { *En avant.* Aspiration du mélange.
{ *En arrière.* Compression.

2e Coup { *En avant.* Inflammation du mélange, dilatation, action motrice sur le piston.
{ *En arrière.* Évacuation des produits de la combustion.

La combustion du gaz ne se produisant que lorsque le piston a fait deux courses, amène donc une économie notable que n'avait pas réalisé le moteur Lenoir.

Les fondations sont nulles pour cette machine. Elle se boulonne instantanément sur le premier massif venu et peut se placer, par suite de cette condition, dans n'importe quel appartement. Sa marche étant absolument silencieuse, elle est préférable, dans un grand nombre de cas, aux autres systèmes.

Fig. 97. — Moteur à gaz Otto et Langen.

Pour éviter l'élévation de chaleur qui se forme pendant la marche et à chaque combustion de gaz, on refroidit le cylindre au moyen d'un courant d'eau l'arrosant constamment. Comme la dépense est d'environ 50 litres par heure et par force de cheval, il est plus économique d'établir un embranchement sur la conduite de la rue qu'un réservoir de capacité variable.

Nous avons dit que le mélange employé était formé de 90 parties d'air et de 10 de gaz. Pour l'alimentation, on place sous le moteur le réservoir d'air, au milieu duquel se termine le tuyau d'aspiration et l'on réunit par un tube le moteur à la conduite principale de gaz. Un compteur intercalé entre le moteur et la conduite permet de juger de la dépense de fluide. Au premier coup, le piston aspire (le tiroir commandé par un excentrique étant ouvert) l'air dans le réservoir et le gaz dans le compteur. Le mélange s'opère dans le cylindre même.

Un tuyau est nécessaire pour conduire à l'air libre les produits de la combustion. Pour le détail des pièces on voudra bien se rapporter à la légende explicative de la figure 98.

De même que la machine Lenoir le système Otto brûle un peu plus d'un mètre cube de gaz à l'heure. C'est une dépense de 3 francs par journée de travail de 10 heures. On va voir le rapport qu'il y a entre les moteurs à gaz et ceux à vapeur :

Une bonne machine à vapeur bien entretenue et propre, consomme de 1 à 4 kilogrammes de houille par heure et par force de cheval. A l'usine à gaz pour fabriquer le mètre cube de gaz nécessaire à la marche du moteur Otto, il faut distiller dans les cornues 4 kiogrammes de charbon de terre. D'un certain côté la machine à vapeur serait donc plus économique que ce dernier système.

Cependant la machine à gaz est intéressante à plus d'un titre, les explosions sont presque impossibles ou en tous cas peu dangereuses ; le réglage s'obtient au moyen d'un robinet, elle n'exige donc pas, pour sa conduite, un ouvrier spécial. D'ailleurs la suppression de la chaudière, ce point capital seul, serait assez pour la rendre recommandable. Aussi, depuis 1877, plus de trois mille moteurs, d'une force variant entre 1 cheval et huit chevaux, ont-ils été placés tant en France qu'à l'étranger. Ils ont été appliqués dans 73 corps de métiers différents, surtout chez les imprimeurs et les mécaniciens. Ce chiffre de vente seul prouve l'excellence de ce système, supprimant tout organe encombrant et, sous un très petit volume, offrant une force motrice considérable. C'est pourquoi son adoption s'est aussi rapidement propagée chez les industriels.

Fig. 98. — Moteur horizontal Otto.

A socle. — B cylindre moteur. — F tiroir. — T bielle, manivelle et arbre de couche. — V réservoir d'aspiration d'air. — U appareil régulateur. — M tuyau de prise de gaz et manette régulatrice. — T, appareil refroidisseur.

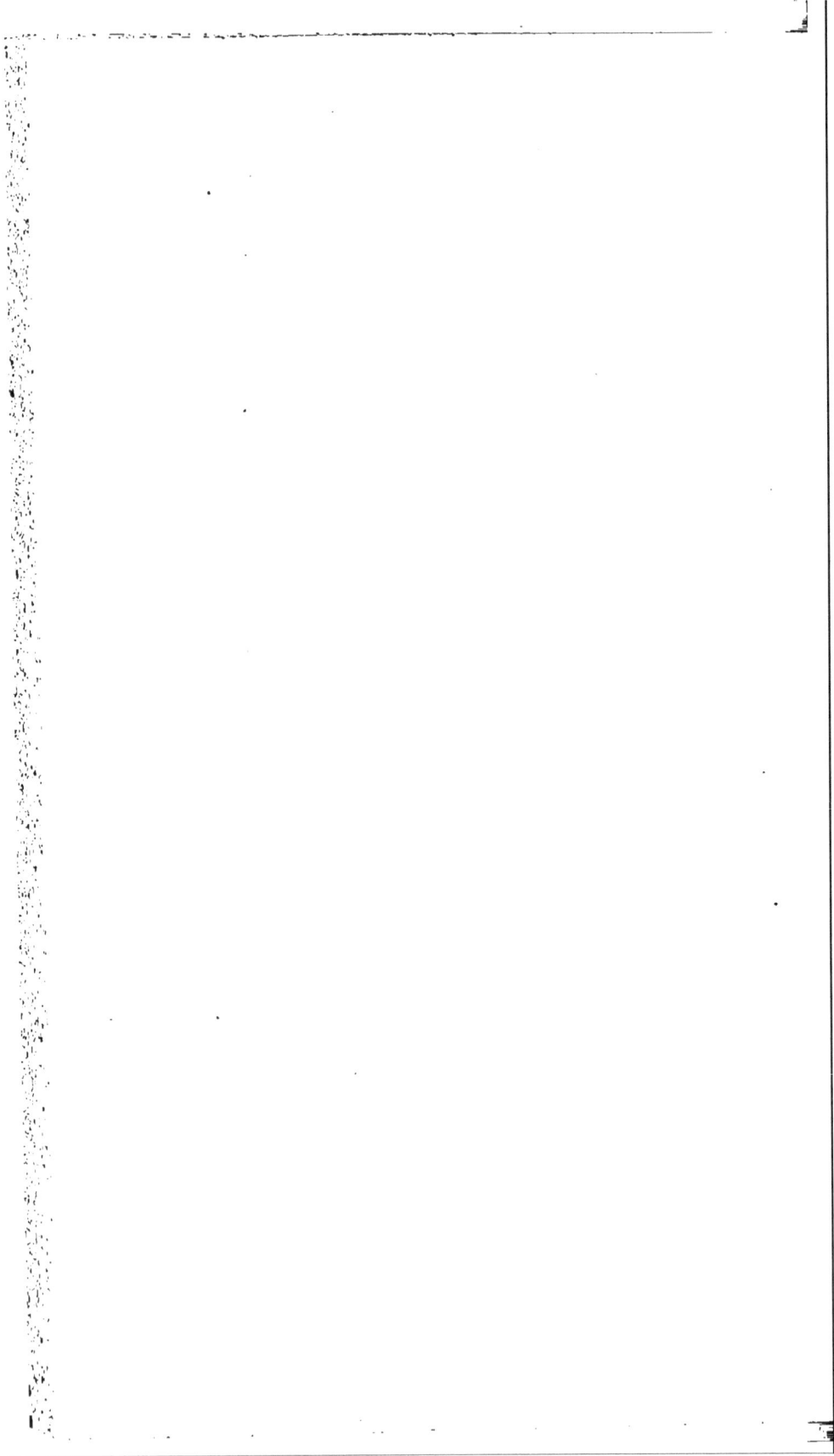

III. LE MOTEUR BISSCHOP.

Le fractionnement de la puissance motrice, en petites forces pour ateliers peu importants, est un problème dont la résolution a été bien souvent poursuivie par des ingénieurs compétents. C'est dans ce but : envoyer la force motrice, de la quantité voulue à domicile que la société la *Force et la Lumière par l'Électricité* a été fondée. La force de la vapeur, de l'air comprimé, de l'eau même, n'étant pas transmissible à grande distance, il était tout naturel de recourir à l'électricité, un peu plus connue aujourd'hui qu'il y a vingt ans. La vapeur n'est pas transmissible par tuyaux, parce qu'elle se condense en route et que l'on recueillerait de l'eau à l'extrémité du tube au lieu de vapeur. L'air comprimé à plusieurs atmosphères non plus, car il tend à rompre les tuyaux de conduite et fuirait par les moindres disjonctions. D'ailleurs on a reculé devant les frais considérables d'une canalisation spéciale et, sauf quelques cas particuliers[1], on a peu avancé dans cette question. Par suite de la différence des niveaux, il serait presqu'impossible, nous parlons des quartiers de Paris, de

[1] Tels que les horloges pneumatiques des boulevards, système Popp et Resch, dont la marche est produite par l'air comprimé dans un vaste réservoir placé au siège social et arrivant par un tuyau aux candélabres.

donner à tous les abonnés de la transmission de force
motrice par l'eau, la même pression et surtout régulièrement. Mille causes diverses s'y opposent.

Cependant, sous nos pieds, il existe une autre canalisation ; celle qui amène le gaz éclairant dans les
becs et candélabres des rues et des maisons particu-
lières.

Ce fluide, que ces tuyaux amènent jusque dans nos
demeures pouvant développer une chaleur intense, se
prêtait merveilleusement à la division de la force motrice. Restait à trouver le moteur qui les emploierait.

Les plus petits moteurs à gaz, de MM. Lenoir, Otto
et Langen, ou de la Compagnie française, étant d'une
force d'un demi-cheval vapeur et leur vitesse de rotation de 180 tours à la minute ; les industriels n'ayant
besoin que d'une force de quelques kilogrammètres,
d'une plus grande vitesse, et encore plus économique,
ne pouvaient s'en servir.

M. Bisschop étudia donc un nouveau système, réunissant toutes ces qualités, et le 9 juillet 1880, il présenta
son invention à la Société d'encouragement qui lui
décerna le prix de 1000 francs attribué au meilleur
petit moteur domestique. Voici en quoi consistait le
moteur à gaz de M. Bisschop :

Le principe sur lequel repose ce moteur est des plus
simples ; il utilise directement l'explosion d'un mélange
de 95 parties d'air et de 5 parties de gaz, qui produit
sur le piston une pression de 5 atmosphères[1].

Les choses principales à examiner dans sa construction sont donc : la distribution du gaz et son emploi,

---

[1] *Mémoire de M. Bisschop*, Paris 1880.

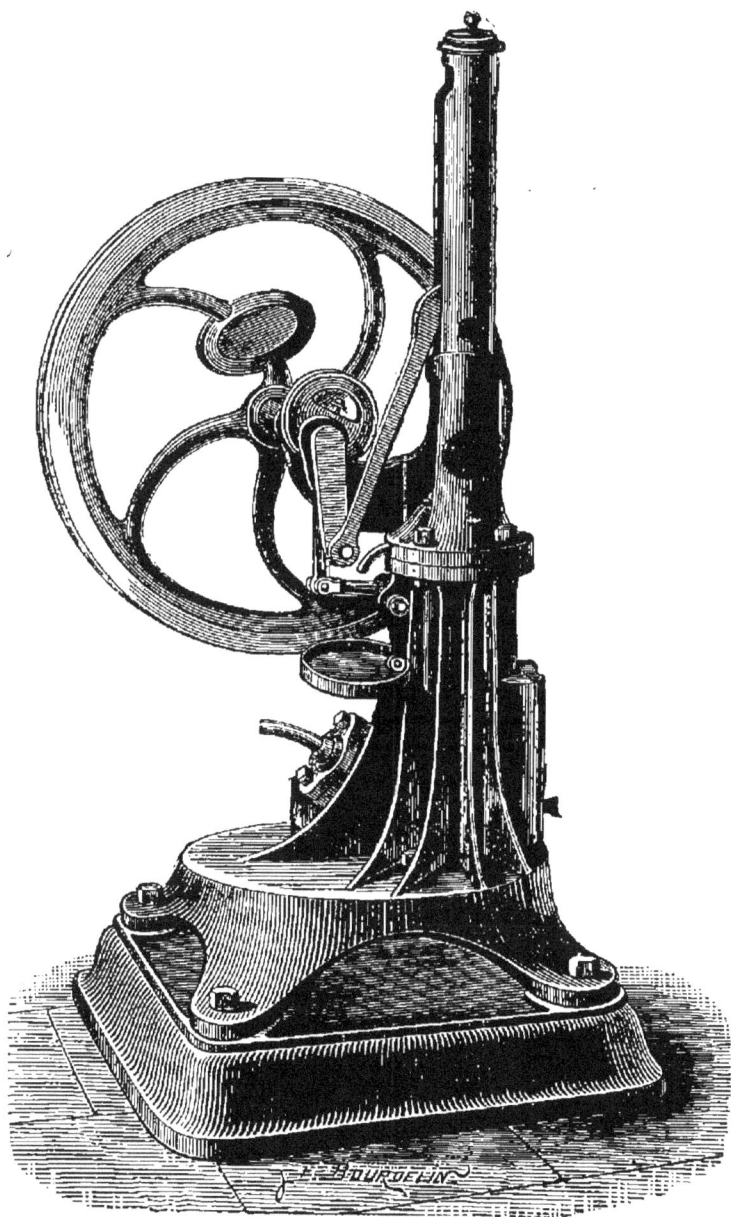

Fig. 99. — Moteur à gaz Bisschop.

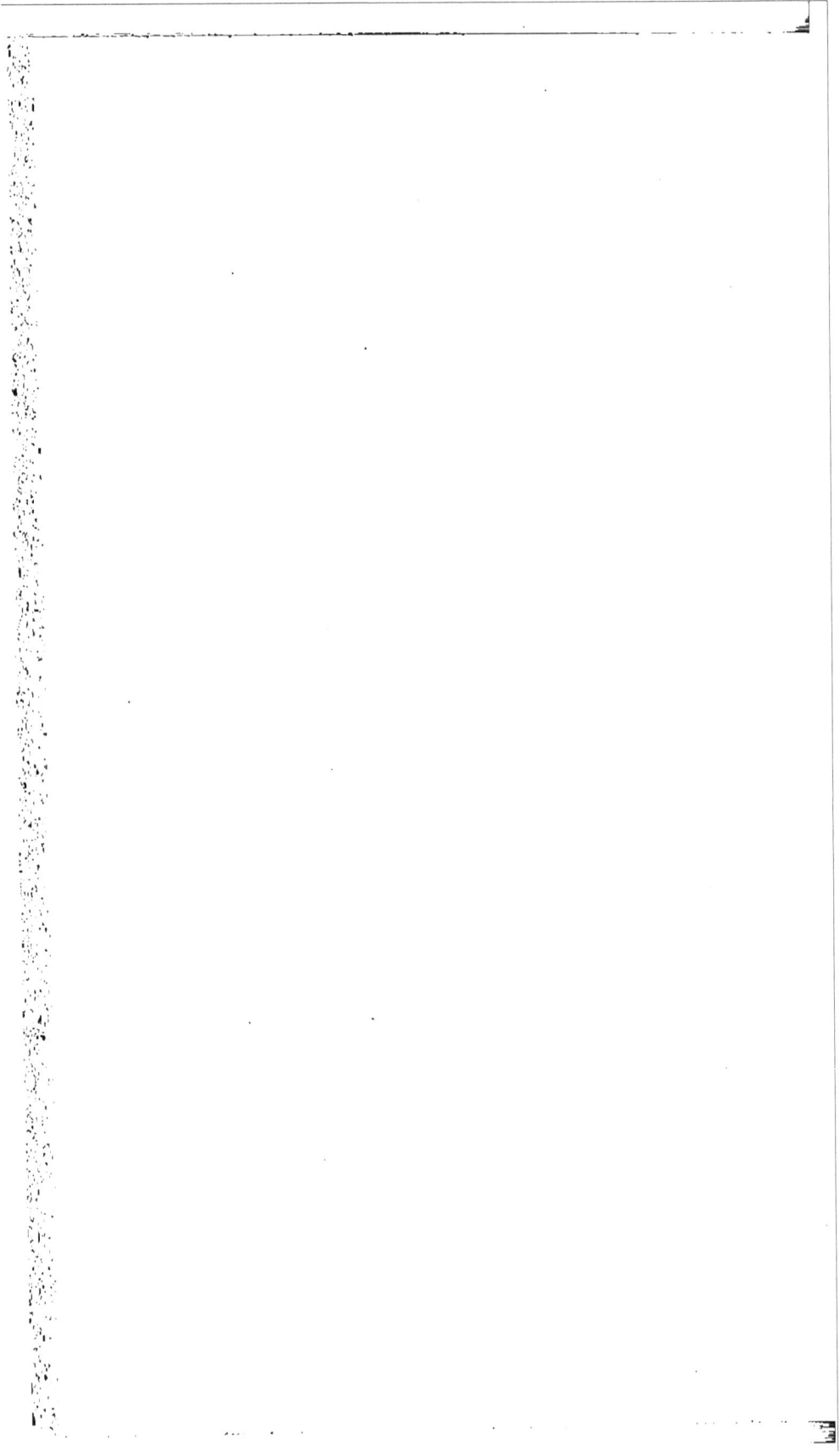

transformation en travail mécanique de la chaleur produite par la combustion.

La disposition de ce moteur est très simple à comprendre. Il se compose d'abord du socle, du fourneau boulonné sur le socle, enfin du mécanisme de transmission.

La prise de gaz, sur la conduite principale, se fait au moyen d'un robinet porte-caoutchouc analogue à ceux employés pour les fourneaux à gaz ordinaires.

Pour éviter de faire danser, par l'effet des coups de piston, les becs du voisinage on règle, en se servant de deux poches de caoutchouc, l'entrée du gaz. Lorsque le mélange s'enflamme, le piston est lancé au haut de sa course; il entraîne avec lui la bielle, qui marche dans une glissière cylindrique ayant l'aspect d'une longue cheminée. La bielle étant fixée à pivot sur le bouton d'une manivelle, la fait tourner, en même temps que le volant et la poulie de transmission.

Comme dans le moteur Otto, c'est un bec de gaz constamment allumé qui fait détoner le mélange placé sous le piston. Il est donc de toute nécessité d'avoir deux poches de caoutchouc pour régler la distribution du gaz.

Quand on se prépare à mettre le moteur Bisschop en action, il faut le chauffer. A cet effet, un petit fourneau à gaz est placé entre les ailettes, et le courant qui l'alimente est le même qui alimente le bec d'allumage. Il n'y a pas de tiroir, seule une soupape, laissant apparaître à intervalles réguliers la flamme du bec, est manœuvrée par un excentrique fixé sur l'arbre, près de la manivelle. Pour l'échappement des gaz brûlés, un tube de fer allant jusqu'à l'extérieur, à la gargouille, est placé sous le socle, près du fourneau de chauffage.

Le moteur Bisschop est économique, en ce qu'il ne se graisse pas et n'a aucunement besoin de fondations, puisqu'il se pose immédiatement sur le plancher nu de la pièce où il doit travailler, mais il est incommode à cause du bruit sec de la déflagration du gaz. Malgré ce léger défaut, facilement remédiable lorsqu'on sait bien le conduire, ce système s'est rapidement propagé chez les petits fabricants.

Le moteur Bisschop est d'une force variant entre 3, 6, 9 kilogrammètres, c'est-à-dire d'un 1/2 homme et d'un homme. Il y en a aussi de 25 kilogrammètres ou 1/3 de cheval. Le plus grand modèle est de la puissance d'un cheval-vapeur. 900 moteurs représentant une force totale de 700 chevaux ont été livrés à l'industrie par MM. Mignon et Rouart, concessionnaires.

La vitesse de ce moteur varie d'après sa puissance, entre 60 et 180 tours à la minute. Avec son socle, le modèle d'un cheval pèse 850 kilos et dépense 1850 litres de gaz à l'heure. Il consomme donc, à force égale, beaucoup plus que le moteur Otto, son prédécesseur.

IV. MOTEUR BÉNIER.

Si le moteur Bisschop a certaines qualités, que ne possède pas celui d'Otto, en revanche, il a des défauts compensant ses améliorations. C'est ainsi que, s'il n'exige pas une conduite d'eau pour son refroidissement, s'il ne se graisse pas — par conséquent ne peut s'encrasser — il a des vices inhérents à sa construction. Par exemple, il pèse très lourd, use beaucoup de gaz, produit en brûlant des détonations, sinon sans danger mais au moins fort désagréables, demande, avant de marcher à être chauffé, et donne un mouvement quelquefois très irrégulier.

On comprendra donc que d'autres aient cherché une meilleure solution et, parmi quelques modestes inventeurs, nous citerons M. Édouard Bénier, ingénieur artésien. Son système de moteur est le meilleur que nous connaissions jusqu'ici. C'est le véritable moteur domestique, réunissant toutes les qualités requises pour ce genre d'appareils. Aussi n'hésitons-nous pas à lui prédire le plus bel avenir; il répond à toutes les exigences du problème.

Ce moteur a extérieurement la forme d'une boîte. Seuls, le tiroir et le piston forment légèrement saillie. Le volant, le petit balancier, les tiges et la manivelle sont placés sur le dessus de cette boîte. Dans ce système, le principe est toujours le même : un filet de gaz allume le mélange, produisant une action motrice sur le piston dont la course est de peu d'amplitude. Mais voici où sont les perfectionnements :

Dans la première machine à gaz de M. Lenoir, ce qui causait l'inflammation du gaz était l'étincelle électrique, engendrée par le courant d'une pile de Bunsen, augmenté par la bobine Ruhmkorff. Ensuite on supprima la bobine pour la remplacer par la pile thermo-électrique. Enfin, MM. Otto et Langen imaginèrent d'enflammer le mélange par le gaz lui-même et ce fut cette disposition qui fut suivie dans les autres moteurs.

M. Bénier s'est aussi servi du gaz pour l'allumage; seulement, le changement principal qu'il a apporté à son appareil, est le peu de longueur de course du piston. La quantité de gaz brûlée est moindre, les pièces s'échauffent moins que dans le moteur Bisschop, où c'est tout le contraire. La simplicité est le premier mérite de cette machine. Elle n'a pas besoin d'être chauffée pour être mise en marche ni de conduite d'eau pour le refroidissement du cylindre. Un litre d'eau versé dans la boîte qui entoure le tiroir et le piston suffit pour plusieurs jours.

La tige du piston est fixée à pivot sur l'extrémité du balancier. Au milieu de celui-ci est également montée la bielle communiquant son mouvement au bouton de la manivelle et au volant. Le tuyau d'échappement placé sous la boîte est invisible. N'exigeant aucune installation, la pose est des plus simples et sans frais; le volume beaucoup plus petit que les autres systèmes de moteurs. Offrant une marche très régulière, une vitesse variable à volonté selon le besoin, une mise en marche

et un arrêt instantané, telles sont les principales qualités de ce nouveau système.

M. Bénier a construit de très petits moteurs à gaz,
depuis 1 kilogrammètre jusqu'à 1 cheval, peu embar-
rassants et surtout très légers. Leur poids varie entre
25 et 400 kilos. Le modèle d'un cheval brûle peu de
gaz, un peu plus que celui de M. Otto et beaucoup
moins que celui de M. Bisschop. Ces moteurs sont
graissés d'une manière spéciale avec la *Valvoline*, huile
qui n'a pas le défaut de durcir par la chaleur.

Une application toute trouvée du moteur à gaz et
dont l'idée a été émise dès l'apparition de la machine
Lenoir en 1860, et celle qui pourrait en être faite à la
navigation aérienne.

Cette idée n'aurait rien que de rationnel; en 1852
un savant ingénieur, l'inventeur de l'injecteur, M. Giffard, se lança dans les nuages, suspendu au-dessous d'un ballon de forme allongée et dans la nacelle
duquel se trouvait une machine à vapeur de trois chevaux de force et d'un poids de 150 kilos, soit 50 kilos
par cheval.

Ce moteur imprimait à une hélice placée à l'arrière
de la nacelle, hélice à trois ailes, dont le diamètre était
de trois mètres, une vitesse maximum de 110 tours à
la minute, près de deux tours par seconde. Sous l'effort de cette hélice, le ballon, dont le cube était pourtant de 2500 mètres, dévia à droite et à gauche à
la volonté du hardi aéronaute.

Dans sa première expérience, M. Giffard partit seul,
emportant dans sa nacelle 250 kilogrammes de coke
et d'eau. Il fit plus de 80 kilomètres.

Dans sa seconde ascension, en 1855, avec un

aérostat plus allongé que le premier et dont le cube était de 3400 mètres, il fut accompagné par M. G. Yon, ingénieur, mais le vent était grand à la descente : M. Yon se brisa la clavicule et le moteur fut gravement endommagé ; M. Giffard ne poursuivit pas ses expériences.

La place du moteur à gaz dans la nacelle est indiquée d'avance. Avec lui pas de craintes d'incendie ou d'explosion, pas de combustible embarrassant ; un tuyau amène le gaz de l'intérieur de l'aérostat et alimente le cylindre moteur.

La machine à gaz Bénier serait particulièrement utile dans ce cas, car elle est d'un fort petit volume d'une simplicité remarquable et d'un poids relativement restreint.

Certainement ce n'est qu'avec une machine à gaz et un ballon allongé qu'on peut espérer de vaincre les courants atmosphériques quelquefois si puissants, et de se diriger dans les airs comme on le fait depuis longtemps sur terre et même au sein de l'Océan.

Il est facile d'établir un tableau comparatif des résultats économiques obtenus par les divers systèmes de moteurs à gaz : Otto, Bisschop et Bénier. Nous ne parlons pas de la machine Lenoir ; car il y a longtemps qu'elle a disparu de l'industrie.

Voici donc ce tableau, prenant pour point de départ le type d'un cheval-vapeur, les poids, consommation de gaz de ces systèmes en mettant en parallèle le prix de quelques machines à vapeur, comprenant tous leurs accessoires.

	SYSTÈMES	POIDS	NOMBRE DE TOURS PAR MINUTE	CONSOMMA- TION DE GAZ A L'HEURE	PRIX
Moteurs à vapeur.	H. Lacha- pelle.		160	3 kilogs houille.	1800 fr.
	Moteur rationnel.	« »	200	« «	1.750 »
Moteurs à gaz.	Otto.	550	180	1000 lit.	2.500 »
	Bisschop.	850	80 ou 70	1850	1.820 »
	Bénier.	400	110	1200	1.420 »

Ces chiffres sont exacts. Ils ont été fournis par les constructeurs eux-mêmes, et copiés textuellement.

On peut voir, d'après ce tableau, les progrès accomplis depuis le premier moteur à gaz et la meilleure machine à vapeur; on peut aussi juger de quel côté est l'économie en toutes choses, prix d'achat, entretien en rapport au rendement, et quel est le système dont l'emploi est préférable en travail à tous les points de vue ?

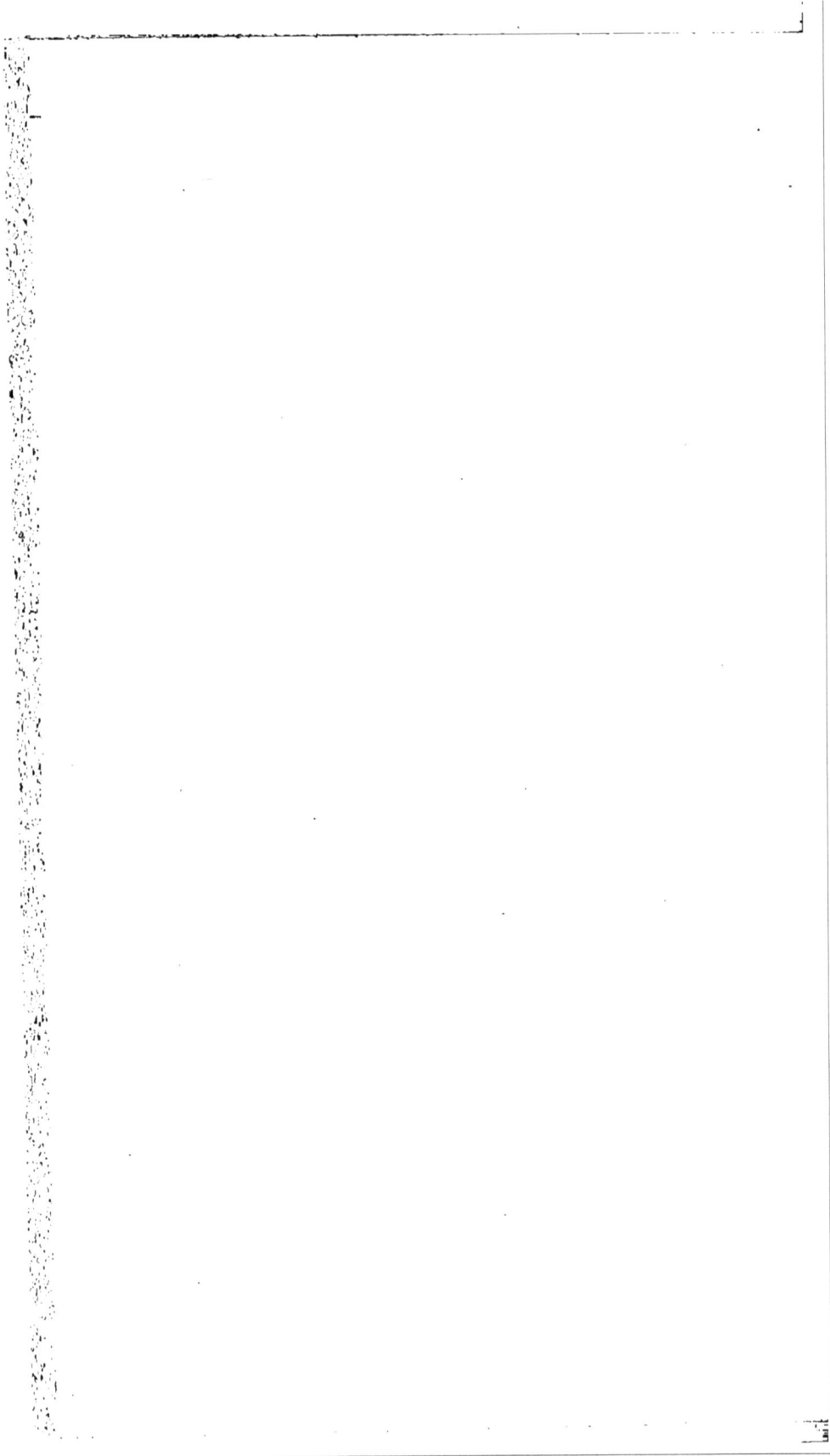

CHAPITRE IX

MOTEURS A GRANDE PUISSANCE

———

Machine du Tremblay. — Machines à gaz liquéfiés. — L'ingénieur Brunel. — Machine Ghilliano. — Moteur Marquis. — Moteurs à ammoniac. — Moteur à poudre.

———

I. MACHINE DU TREMBLAY.

Nous avons dit, en terminant la description des moteurs à vapeur, qu'il était constant qu'une quantité énorme de calorique est perdue dans les machines, soit à haute pression, soit à condenseur. Cela est visible : dans les machines à haute pression la vapeur s'échappe dans l'atmosphère en emportant de la chaleur qui aurait pu être utilisée. La même perte existe dans les machines à condenseur, par la vapeur qui s'y liquéfie, cédant à l'eau le calorique qu'elle renferme et qui est ainsi perdu.

C'était dans le but de remédier à ces pertes que

M. Siemens avait inventé sa machine à vapeur régénérée, où il faisait rendre à la vapeur toute la force
mécanique qui pouvait lui rester, après avoir travaillé
dans le cylindre moteur. Ce fut aussi dans cette vue
que M. du Tremblay ajouta l'éther à la vapeur.

On sait que l'éther sulfurique est un corps qui bout
et se réduit en vapeur à 36 degrés. Dans son système,
le célèbre ingénieur employait la vapeur arrivant du
piston, ou du moins la chaleur qui lui restait, à
échauffer l'éther. Celui-ci, une fois changé en vapeur,
passait dans un second cylindre, où il mettait en mouvement le piston, à la manière ordinaire. Quant à la
vapeur qui l'avait chauffé, elle se condensait et, par
un ajutage particulier, retournait à la chaudière.

Cette circonstance était fort avantageuse puisqu'elle
permettait d'alimenter la chaudière avec de l'eau dis-
tillée, ce qui évitait les incrustations avec leurs conséquences, quelquefois si désastreuses.

Une fois que l'éther avait servi à opérer un travail
sur le piston, il passait à travers une boîte remplie de
petits tubes creux, incessamment traversés par un courant d'eau. Là il se condensait puis, repris par une
pompe, il revenait au vaporisateur, où il était de nouveau volatilisé par un jet de vapeur et ainsi de suite.

L'économie constatée avec la machine *Du Tremblay*
fut de 50 p. 100 sur le combustible, tout en produisant
le même effet qu'une machine à haute pression à condenseur. Avec la machine à vapeur régénérée de M. Siemens on n'avait obtenu qu'une réduction des 2/3 sur
la dépense de combustible.

La machine à vapeurs combinées eut un grand succès.
Quatre navires de la ligne Marseille-Alger en furent pour-

vus. Le premier le *Du Tremblay* était de la force de 70 chevaux, les trois autres de 350 chevaux. Plusieurs constructeurs à Lyon possèdent des machines à éther de 50 chevaux. En Angleterre, quelques machines marines sont de ce système[1]. Enfin le navire français le *Jacquard* d'une compagnie de Lyon est muni d'une machine à éther de la force de 600 chevaux. Il a fait pendant longtemps le service du Havre à New-York.

M. Lafont, officier de marine, émit l'idée de remplacer l'éther, corps trop inflammable par le chloroforme, beaucoup plus stable. Une machine de 20 chevaux dotée de ce système rendit de grands services pendant la construction du port de Lorient. Ensuite le gouvernement satisfait de ces résultats, fit établir une machine Lafont, de 125 chevaux, sur le navire le *Galilée*.

Pour remédier au défaut qu'a l'éther de ronger les pièces métalliques. M. Tissot l'a entièrement supprimé dans sa nouvelle machine. Il l'a remplacé par le chloroforme pur, additionné de 2 parties d'huile essentielle. Il n'emploie que ce mélange, sans faire non plus usage de la vapeur d'eau, ce qui simplifie considérablement la machine.

Ainsi construite, la machine Tissot à chloroforme pur, a été installée dans une brasserie à Lyon, où elle rend de grands services, d'après le dire de l'inventeur.

Une machine soit à éther, soit à chloroforme est réellement dangereuse par suite de la grande combustibilité du fluide ajouté à la vapeur. Un navire, mu par une machine à éther a été la proie des flammes en

[1] *Les Merveilles de la Science*, par Louis Figuier.

pleine mer. Employer concurremment l'éther et l'eau, c'est avoir la poudre et le brasier. Une menace d'incendie est éternellement suspendue sur le navire, la fabrique ou la manufacture dont le moteur est une machine à vapeurs combinées.

D'ailleurs, pour dire vrai, les moteurs *Du Tremblay*, Lafont et autres, on fait leur temps et il serait bien difficile, sinoin impossible, de citer l'industrie ou l'usine possédant une machine à vapeurs combinées.

I. MACHINES A GAZ LIQUÉFIÉS

L'ammoniaque et l'acide carbonique.

De nombreux inventeurs, — rompant avec la routine, se sont lancés hardiment, à corps perdu, dirions-nous presque — à travers le champ infini des applications de la physique et de la chimie à la mécanique.

Avant d'entreprendre la description des machines motrices, construites sur de nouveaux principes, disons quelques mots des corps, des gaz plutôt, employés dans les moteurs.

L'un des premiers corps que l'on chercha à utiliser dans les machines pour remplacer la vapeur d'eau fut l'acide carbonique; ensuite vient l'ammoniaque. Voici sous quelle forme ils devaient travailler.

L'acide carbonique ($C O_2$ en chimie) composé d'oxygène et de carbone dans le rapport de 8 à 3, est le premier gaz que l'on ait distingué de l'air atmosphérique.

C'est Van Helmont qui en fit la découverte en 1644. Ce médecin ayant chauffé fortement des pierres calcaires reconnut qu'il s'en dégageait un air auquel il donna le nom de *gaz*. Black et Priestley en étudièrent avec soin les propriétés. Mais c'est Lavoisier qui en fit connaître en 1776, exactement la nature, la composition et lui imposa le nom qu'il porte encore aujourd'hui[1].

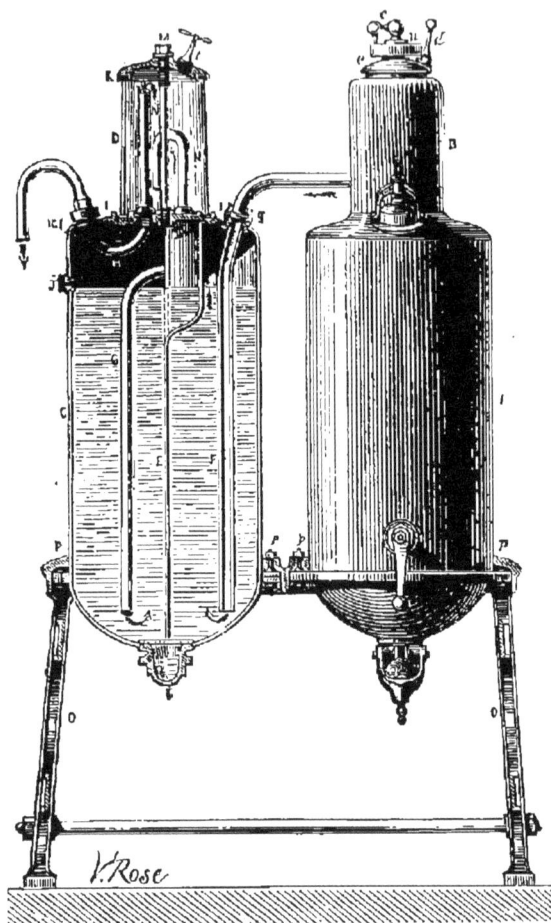

Fig. 100. — Appareil pour boissons gazeuses; producteur et épurateur.

En 1823, M. Thilorier, physicien français, parvint à le liquéfier de la façon suivante : Dans un récipient en fonte épaisse, monté sur pivot et se bouchant avec un

[1] *Traité de chimie*, par Langlebert.

écrou à vis intérieur, on verse 300 grammes d'eau
à 30°, 200 grammes de bi-carbonate de soude, on
place ensuite une éprouvette de cuivre contenant 500

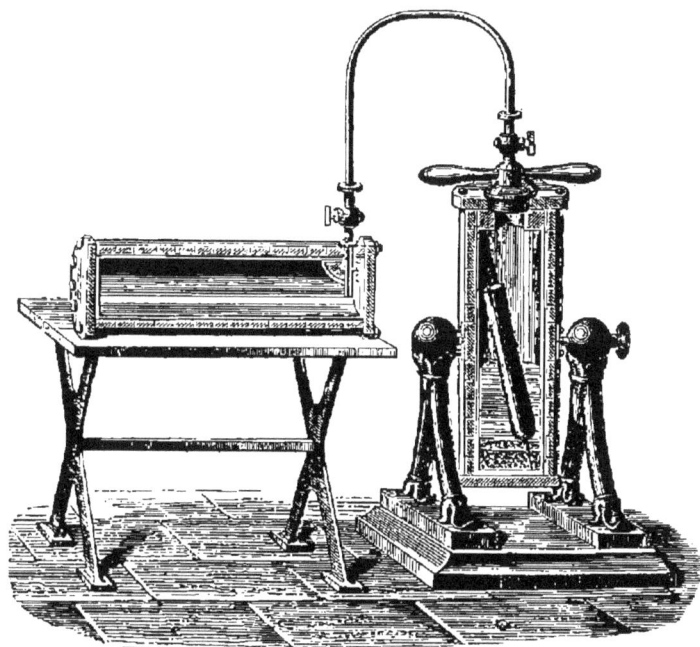

Fig. 101. — Appareil Thilorier pour la liquéfaction
du gaz acide carbonique.

grammes d'acide sulfurique et l'on ferme avec le bouchon à vis (fig. 101).

Si l'on incline le récipient et qu'on le fasse tourner
sur ses pivots, l'acide se mélange à l'eau et attaque le
bi-carbonate de soude[1]. Celui-ci, dégageant alors une
quantité de gaz 250 fois plus petite que l'intérieur du
vase, la pression augmente, et à 36 atmosphères le gaz
acide carbonique se liquéfie et se mélange à l'eau. Par

[1] *Cours de physique*, par Ganot.

suite de la réaction chimique qui se produit, la température s'élève. Si l'on met, au moyen d'un tube de
cuivre, le générateur en rapport avec un autre vase,
appelé récepteur, l'acide carbonique distille du récipient chaud au récipient froid, et tombe liquide et pur de
tout mélange dans le récepteur d'où il peut être tiré au
besoin. La pression étant nulle dans le générateur à ce
moment, on le découvre et on recommence. On peut
obtenir de cette façon jusqu'à huit litres d'acide carbonique liquide. Il est incolore, très fluide, soluble
dans l'alcool et dans l'éther, insoluble dans l'eau. C'est
sous cette forme qu'on l'emploie dans presque toutes
les machines dites à gaz liquéfié.

Le marbre, la craie, contiennent, comme d'ailleurs
tous les carbonates, beaucoup d'acide carbonique. Le
bi-carbonate de soude en possède deux ou trois fois
plus que le carbonate simple que l'on produit en
grandes masses par le procédé Leblanc, c'est pourquoi
on le préfère dans cette expérience.

Les parois du générateur doivent être très épaisses
pour résister à la poussée intérieure. Sans cela on risquerait de les voir éclater. Un préparateur de Thilorier
eut les jambes coupées par une explosion. Aussi, pour
éviter ces terribles accidents, la construction de ces
appareils a-t-elle été soigneusement étudiée. Une *chemise* de cuivre est recouverte par une épaisse gaîne en
fonte, intérieurement doublée de plomb, pour rester
neutre, c'est-à-dire sans s'user, pendant le mélange de
l'acide sulfurique avec l'eau. Ainsi fabriqué le *générateur* peut résister à une pression de 1000 atmosphères.

L'acide carbonique ainsi préparé sert à la fabrication
des boissons gazeuses et principalement de l'eau de

Seltz. Quand le gaz est liquide il passe du *producteur* dans l'*épurateur*, et de là dans un gazomètre à contrepoids où il est emmagasiné à une forte pression (fig. 100).

Ensuite un tube le conduit aux sphères des *saturateurs* (fig. 102) mus par des pompes recevant le mouvement par l'intermédiaire d'une courroie de transmis-

Fig. 102. — Saturateur pour boissons gazeuses.

sion. Enfin il est comprimé dans les siphons au moyen d'une pompe à main ordinaire.

On voit que l'acide carbonique liquéfié est employé dans l'industrie, ni plus ni moins que la vapeur d'eau ou que le gaz hydrogène.

Nous avons vu quelle préparation était nécessaire

pour obtenir l'acide sous la forme qu'il doit servir. Voyons maintenant pour l'ammoniaque :

Le nom d'ammoniaque a été donné à ce corps par les Arabes, qui le connaissaient depuis très longtemps et, les chimistes qui l'ont étudié les premiers, Scheele et Priestley, le lui ont conservé. C'est un gaz incolore, d'une odeur vive et piquante. Sa densité est de 0, 597. Soumis à un refroidissement de 40° sous la pression ordinaire ou a une pression de 7 atmosphères à la température de 10 degrés, le gaz ammoniac se liquéfie. Il forme alors un liquide incolore, très fluide et très mobile. Faraday, qui avait solidifié l'acide carbonique, réduisit ce liquide en une masse blanche, cristalline et transparente. Chauffé, ce liquide se réduit en vapeurs, à zéro de 4 atmosphères de pression, à 20 degrés de 8 atmosphères. A 60 degrés, elle abandonne tout son gaz, qui a alors 15 atmosphères de pression, ce qui n'est rien à côté de celle de l'acide carbonique liquéfié. C'est ce liquide, dont quelques inventeurs se sont servi pour leur machine, espérant par là obtenir des économies de combustible notables. Nous allons voir ce qu'il en est advenu.

Quelques machines sont bien comprises et ont donné des résultats satisfaisants, mais à côté de cela, combien d'inventeurs on perdu leur temps et leur argent à la recherche de systèmes impossibles, ne se basant sur aucun principe de la véritable science mécanique moderne.

L'ingénieur Brunel.

C'est dans le but, poursuivi depuis longtemps, de diminuer le plus possible, la dépense de combustible, qu'un célèbre ingénieur français, M. Brunel, a cherché à employer l'acide carbonique comme force motrice.

En 1820, Humphry Davy avait indiqué la route à suivre pour arriver à des résultats supérieurs, en proposant de faire agir les gaz, comme la vapeur d'eau dans une machine. Ce fut en partant de ce principe que Brunel imagina son moteur.

Son appareil est formé de 5 cylindres (fig. 103), A, B, C, D, E, verticaux, communiquant entre eux. Les cylindres extrêmes renferment l'acide carbonique, qui y est comprimé et liquéfié une fois pour toutes, à l'aide d'une pompe. Chacun d'eux joue alternativement le rôle de chaudière et de condenseur, et à cet effet ils contiennent plusieurs tubes cylindriques dans lesquels on fait passer successivement de l'eau chaude et de l'eau froide[1]. L'acide passe dans les cylindres B, D par les tuyaux *b b'*, et presse des pistons mobiles, au-dessous

---

[1] Ch. Laboulaye, *Dictionnaire des Arts et Manufactures.*

desquels est située une masse d'huile. L'huile remplit
le cylindre central C et communique la pression à son
piston *d* dont la tige *t* transmet le mouvement au mécanisme moteur, semblable à une machine horizontale.
Pour concevoir le jeu de cet appareil, supposons que
l'eau chaude coule dans A et l'eau froide dans E, l'acide
carbonique pressera plus fortement le piston de B que
celui de D et le piston *d* de C montera. Si c'est le
contraire qui arrive, l'acide pressant la face supérieure

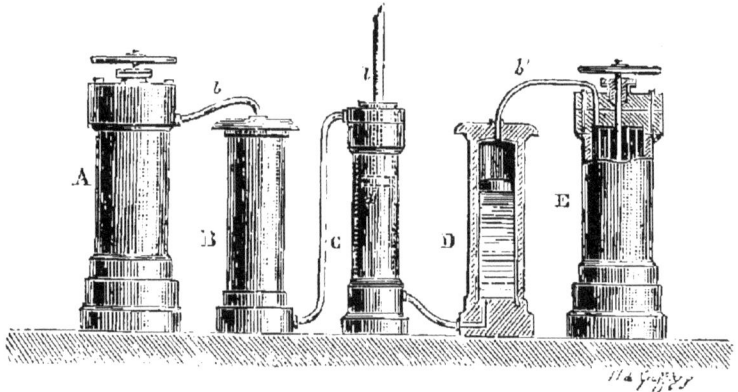

Fig. 105. — Machine de Brunel.

du piston le fera redescendre et ainsi de suite. La
couche d'huile interposée prévient les fuites d'acide et
les pertes de travail.

Ainsi était disposée la première machine à acide
carbonique. Si l'idée, par elle-même, était bonne,
l'arrangement des organes du moteur était fort défectueux. Les cylindres, d'une épaisseur de 5 centimètres,
étaient d'un poids considérable. De plus, le rendement
de travail ne fut pas si important et si régulier que
dans les machines à vapeur. Enfin en 1823, Sadi-Carnot

prouva que Brunel ne pouvait obtenir que des effets minimes, en n'employant que de petites quantités de chaleur.

Malgré cela il faut rendre à l'ingénieur, l'honneur qui lui appartient. C'est lui, qui le premier a eu l'idée de remplacer la vapeur par un gaz, dans les machines, et ce n'est qu'après avoir consciencieusement étudié ce problème si complexe, que d'autres inventeurs ont fait connaître de nouveaux moteurs dont l'embryon était son idée perfectionnée, d'après tous les moyens que la science et l'expérience ont mis à notre portée. Enfin, c'est lui qui a montré l'exemple de ce que peut faire la conception, dans un ordre tout différent d'idées, et qui a indiqué aux chercheurs futurs, la route à suivre.

18

IV. MOTEUR A ACIDE CARBONIQUE

MM. Ghilliano et Cristin.

La création d'un véritable moteur à acide carbonique est due à MM. Ghilliano et Cristin.

Ce ne fut que longtemps après Brunel, alors que sa tentative était presque oubliée, en 1855, que ce nouveau moteur apparut. Voici d'après le livre de M. Armengaud aîné[1] en quoi consistait cet appareil (fig. 104).

L'acide carbonique, liquéfié par le procédé Thilorier, est renfermé dans un canon épais, en fer forgé et embouti. Près de ce récipient est placé le cylindre où se trouve le piston moteur. Ce cylindre, chauffé au bain-marie, est disposé comme celui d'une machine à vapeur et travaille comme lui. L'acide liquide arrivant dans le cylindre, dont la température intérieure est de 90 degrés, se dilate, se gazéifie instantanément. Par sa grande pression, il pousse le piston au bout de sa course, ce dernier redescendant ensuite, le chasse à son tour par le tube d'échappement et l'envoie au condenseur.

Ce condenseur est d'une forme particulière pour subir impunément les fortes pressions. C'est un tuyau en fer forgé, enroulé en serpentin et plongeant dans une

_____

[1] _Traité des Moteurs._

cuve d'eau. Le gaz, arrivant avec toute sa pression dans ce serpentin froid, se condense instantanément, puis, une pompe le reprend, et le renvoie dans le cylindre, où il se dilate et travaille sur l'autre face du piston pour le faire redescendre. Le mouvement alternatif se transforme en mouvement circulaire continu et l'arbre tourne, comme par l'action de la vapeur, au moins aussi régulièrement.

Toutes les pièces de ce mécanisme doivent être d'une

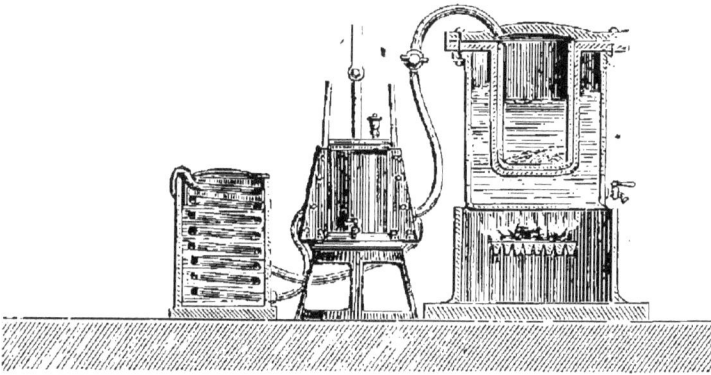

Fig. 104. — Moteur Ghilliano et Cristin.

solidité à toute épreuve, car la pression dans le cylindre, lorsque l'eau du bain-marie atteint une température de 100 degrés, est de 153 atmosphères, 158 kilogrammes par centimètre carré! C'est la plus forte pression à laquelle une machine ait marché, et nous n'en connaissons pas d'autre exemple.

Le récepteur a une épaisseur de plusieurs centimètres, calculée pour résister à une pression de 500 atmosphères, le cylindre moteur, le condenseur sont également très épais. Le type du mécanisme moteur est celui des premières machines verticales sans chaudière.

On a objecté, que l'économie tant recherchée dans les moteurs, ne serait pas réalisée dans ce système, que le prix de fabrication de l'acide liquéfié et des matières nécessaires à cette fabrication, que le combustible brut sous le cylindre, enfin toutes ces causes réunies feraient revenir au contraire le travail produit, deux ou trois fois plus cher qu'avec tout autre moteur. On s'est trompé. C'est toujours la même quantité d'acide carbonique qui travaille. Tour à tour il est vaporisé, condensé, recueilli, réchauffé et c'est continuellement le même volume de gaz qui agit, et d'une façon régulière. On se contente, pour parer aux fuites et pertes inévitables, d'ajouter de temps à autre, un peu d'acide liquéfié à celui que renferme le canon.

On a dit aussi que ce qui ferait principalement rejeter l'emploi des moteurs à acide carbonique serait la crainte des explosions, cent fois plus terribles avec eux qu'avec aucun autre. Cette crainte aurait été mal fondée. La construction mécanique est arrivée à un tel degré de perfection qu'en suivant les prescriptions mathématiques de l'épaisseur, rien n'aurait été à redouter, sauf les cas fortuits. Mais de même, qu'avec les meilleures machines à vapeur il arrive des accidents, il serait bien problématique d'affirmer le contraire pour cette machine.

MM. Ghilliano et Cristin prirent un brevet en 1855 pour leur moteur. Ils ne purent l'utiliser en nature et laissèrent expirer leur brevet, sans avoir fait ou tenter une expérience en grand. Leur invention, comme tant d'autres, passa inaperçue, et maintenant cette belle idée est complètement oubliée, excepté de quelques mécaniciens et ingénieurs.

SYSTÈMES MODERNES

Moteur à gaz acide carbonique de M. Marquis.

Ce système de moteur est le plus récent que nous connaissions, il remédie à quelques-uns des inconvénients de la machine de M. Ghilliano, et son inventeur l'annonce comme applicable de suite aux besoins de l'industrie. Nous allons voir ce que peut donner cette idée, convenablement appliquée.

Le principe sur lequel repose cette machine est la vaporisation à peu de frais de l'acide carbonique liquéfié, le peu de chaleur consommée étant suffisant pour produire des variations considérables de pression. Le système se compose de trois parties bien distinctes : le foyer, la chaudière et le mécanisme moteur.

Le socle est en fonte et fait corps avec l'enveloppe du fourneau. Il peut se boulonner, immédiatement son arrivée, sur n'importe quel parquet, sans aucun danger d'incendie, car le fourneau, proprement dit, est au gaz, ce qui évite toute complication et tout ennui pour la mise en marche. On tourne un robinet, et tout est dit.

Emboîté dans l'enveloppe du foyer, et retenu par quelques rivets se trouve le bain-marie. C'est un récipient cylindrique en bronze, muni de deux robinets de jauge et d'une petite soupape à ressort. Un petit ajustage, fermé avec un bouchon à vis, permet d'introduire l'eau à chauffer. Un thermomètre gradué, dont la boule se trouve à l'intérieur, est fixé sur la paroi et sert à indiquer la chaleur de l'eau.

La chaudière mérite une description particulière. Elle est composée de trois épaisseurs d'un centimètre chaque, la première (intérieure) en cuivre, la seconde en fer forgé et embouti ; et la dernière est une sorte de gaine en fonte coulée d'un seul bloc. Son poids est de 87 kilogrammes.

Ces trois épaisseurs, s'arrêtent à la *couronne*, l'enveloppe de cuivre seule descend, en cône tronqué, jusqu'au bas. Les autres sont retenues d'une manière invariable par deux larges cercles, frettés à chaud et entourant tout le cylindre. Ces cercles assurent encore une plus grande solidité à la chaudière.

Cette chaudière est simple, c'est-à-dire sans tubes ou bouilleurs. Le culot plongeant dans l'eau que contient le bain-marie, transmet facilement la chaleur à l'acide liquide.

Comme dans les machines verticales, le mécanisme moteur est fixé sur la chaudière. Sur les parois de celle-ci se voient les organes de sûreté employés dans les machines à vapeur, le tube de niveau, le manomètre et deux soupapes nouveau système. Sur le *ciel* se trouvent deux autres soupapes.

Différant en cela de MM. Ghilliano et Cristin, M. Marquis a rejeté l'emploi des pistons pour le bon fonctionnement desquels il faut ne pas trop serrer les bagues et presse-étoupes, ce qui cause, lorsqu'on se sert de la pression effrayante de l'acide carbonique, des fuites et

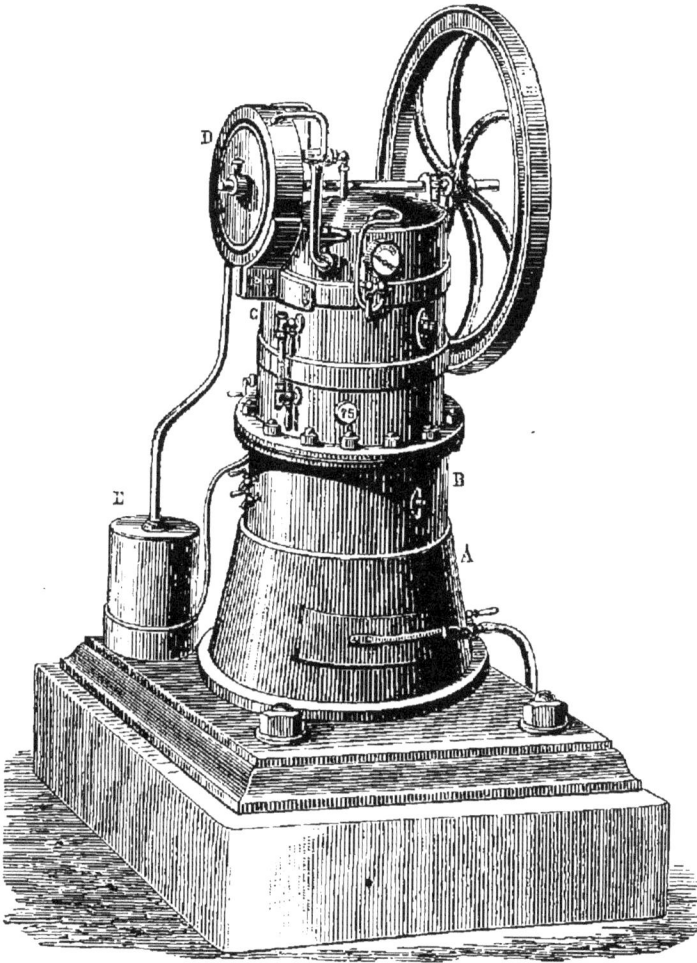

Fig. 105. — Moteur à acide carbonique, système Marquis.

A enveloppe du fourneau. — B bain-marie. — C chaudière. — D appareil
moteur. — E condenseur en serpentin.

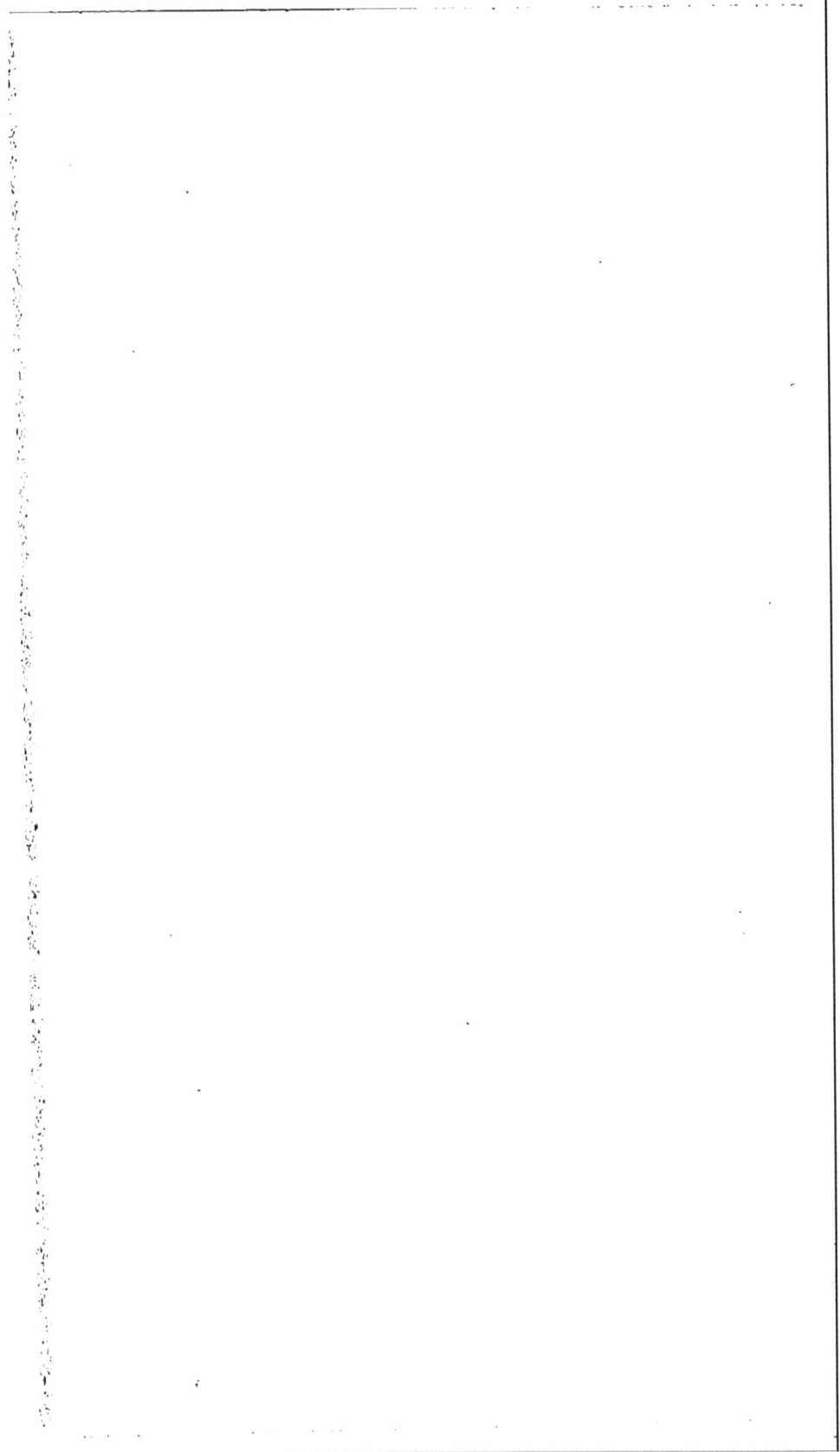

des pertes impossibles à empêcher. Son mécanisme moteur est analogue, sinon pareil, à celui de l'appareil hydraulique Dufort. Comme lui, c'est une roue à ailettes clavetée sur l'arbre de couche. Seulement, dans l'appareil Dufort, le courant qui pousse les ailettes est continu, tandis que, dans celui de M. Marquis, chaque ailette ferme tour à tour l'ouverture du tuyau qui amène le fluide.

Lorsque le gaz a travaillé, il est refoulé dans un tube qui le conduit au condenseur, disposé exactement de la même façon que dans le système précédent, il s'y condense et tombe liquide dans un petit vase cylindrique placé à cet usage.

Le tuyau d'aspiration de l'injecteur Giffard se termine dans ce récipient. Lorsqu'on veut alimenter la chaudière, on ouvre les tuyères, l'acide est aspiré et retourne à la chaudière par un ajutage spécial pour recommencer à y être vaporisé et travailler de nouveau.

Tous les calculs ont été établis pour un moteur dont la puissance devient relativement considérable, en rapport avec ses dimensions. Ainsi, il aurait, monté sur son socle bien entendu, 1 mètre 50 de hauteur, la chaudière 3 centimètres d'épaisseur et 0,30 de diamètre; le fourneau serait à 120 trous, brûlant, ouvert en plein de 3000 à 3800 litres de gaz à l'heure.

Le diamètre de la roue à ailettes serait de 0,32 centimètres, le nombre des ailettes de 18, le condenseur d'une hauteur de 40 centimètres et d'un diamètre de 28 centimètres; le serpentin en fer forgé faisant 15 tours sur lui-même et d'une épaisseur de 0.004 millimètres d'épaisseur, en même temps que 0.022 millimètres de section. Enfin la force développée serait d'environ de 5 à 5 1/2 chevaux-vapeur. Ce chiffre est absolument approximatif, les données étant fort incertaines sur ce point sans précédents.

La chaudière est munie de quatre soupapes de sûreté, analogues à celles dont s'est servi Georges Stephenson dans ses premières locomotives. C'est un ressort que le gaz doit faire fléchir avant de s'échapper ; le réglage s'obtient en serrant plus ou moins ce ressort et le jeu de la soupape est ainsi rendu automatique. Le manomètre est aussi d'un nouveau système. Un flotteur bouche exactement l'entrée du tube. La vapeur d'acide carbonique étant mise en rapport avec ce tube, appuie sur le flotteur et le pousse d'une certaine quantité d'après sa pression. Ce mouvement se communique à un bras de levier dont l'axe est celui de l'aiguille indicatrice. La poussée du gaz est compensée et réglée par l'intermédiaire d'un ressort spiral en acier qui fait revenir l'aiguille à zéro lorsque la pression cesse. C'est l'élasticité de ce ressort qui est le principe de ce manomètre métallique.

D'après la densité des métaux employés dans la construction, on a pu calculer le poids approximatif de ce moteur, poids qui se trouve être de 152 kilos, vide ; avec fourneau, condenseur et accessoires, c'est-à-dire environ 30 kilogrammes par force de cheval.

Nous avons dit que le fourneau brûlerait 3500 litres de gaz à l'heure, une certaine économie serait donc réalisée sur le moteur à gaz. Ce moteur aurait plusieurs avantages auxquels a songé son inventeur. La pose est instantanée, il ne demande pas de conduite d'eau, il peut se poser dans les appartements, car sa marche est absolument silencieuse. La pression est ordinairement

de 50 atmosphères. La chaudière est construite en vue
de pouvoir subir un effort triple. C'est cette énorme
pression qui fait la puissance de la machine et pourtant — cela paraît paradoxal — elle pèse moins, à force
égale, qu'une machine à vapeur. Cela tient à ce que la
chaudière est fort petite. Elle ne renferme que 50 litres
de liquide pour arriver au niveau déterminé. Le bain-
marie est d'une capacité de 20 litres.

La conduite de ce moteur est très facile. On règle
l'intensité du foyer au moyen d'un robinet. Une fois que
le thermomètre indique que l'eau est à 60 ou 80 degrés,
on laisse au gaz juste la chaleur nécessaire pour l'en-
tretenir à cette température. Étant chauffée au gaz, la
machine ne s'encrasse jamais. Il n'y a ni tubes à net-
toyer, ni incrustations à enlever. Les produits de la
combustion du gaz s'échappent par un tuyau à l'air
libre.

L'un des avantages de cet appareil, est l'absence
de toute pièce volumineuse. Ainsi il n'y a pas de cheminée, quelques trous percés sur les côtés de l'enveloppe
du fourneau suffisent pour laisser s'échapper l'air chaud
produit par la combustion du gaz. N'ayant pas d'échappement d'aucune sorte, la marche est silencieuse; de
plus, comme il n'y a ni pistons, ni bielles, le mouvement peut avoir lieu sans chocs, sans secousses qui dé-
tériorent à la longue les meilleures machines à vapeur.

C'est un véritable moteur à gaz avec la légèreté en
plus. Ainsi, le meilleur système que nous possédions,
le système Bénier pèse 400 kilos par force de cheval;
celui de M. Bisschop, 800 pour la même puissance.
Une machine à vapeur pèse de 50 à 200 kilos pour la
même force; quant au moteur Marquis, il pèse à peine

40 kilos, tout en développant la même quantité de travail que les machines susnommées, ce qui est considérable.

Quand, au tube de niveau, on voit qu'il faut alimenter, on tourne la manivelle de l'injecteur et la quantité de liquide nécessaire entre. Au moyen d'un robinet à trois eaux, on donne le mouvement de rotation au volant, dans le sens que l'on veut, sens que l'on peut changer instantanément en ouvrant un peu plus ce robinet. Voilà toutes les manœuvres à exécuter. Donc, nul besoin d'une personne spéciale pour la conduite. Le premier venu, avec quelques explications, la connaît, et peut diriger la machine.

Voilà, en détail, le meilleur moteur que nous connaissions jusqu'à présent. Il répond à toutes les questions du problème. Mais, — car il y a un mais, — si la théorie est très belle et exacte, la pratique justifiera-t-elle ce qu'on est en droit d'espérer?

That is the question.

VI. MOTEURS A GAZ AMMONIAC

On vient de voir les chances qu'avaient les moteurs
à gaz acide carbonique liquéfié de réussir. Il ne nous
reste plus à voir que quelques systèmes de moteurs
à grande puissance, faible poids et surtout économiques.
Parmi tous ces derniers, qui s'intitulent économiques
sans l'être, nous décrirons deux systèmes, dont le principe est juste et permet de fonder quelques espérances
de succès.

Le premier est celui de M. Pietro Cordenons, professeur au Lycée de Rovigo. Voici rapidement en quoi
consiste son invention.

L'ammoniaque liquéfié est contenu dans un récipient
de cuivre fondu d'un jet et pouvant supporter sans faiblir, une pression de 15 atmosphères. Comme dans le
système de M. Marquis ce vase est emboîté dans l'enveloppe du fourneau. Le foyer est une lampe dite *mul-
tiflamme*, alimentée à l'essence minérale ou au pétrole.
Les gaz de la combustion s'échappent au dehors par
quatre tubes de cuivre traversant la chaudière, et
qui en font une sorte de chaudière tubulaire.

La lampe fournit peu de chaleur; ce peu est cependant suffisant pour gazéifier l'ammoniaque. La vapeur
produite à une température de 15 degrés de 4 atmo-

sphères. 30 degrés 8 atmosphères, chaleur d'ébullition
assez basse.

Un tube de caoutchouc, installé sur un robinet de
la chaudière, amène le fluide au mécanisme moteur. Ce
dernier ressemble beaucoup au Moteur Rationnel de
MM. Moret et Broquet. La disposition des pistons est la

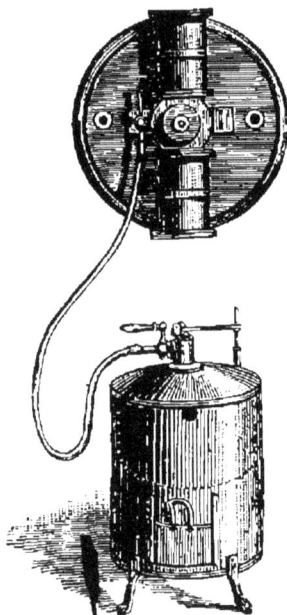

Fig. 106. — Moteur à ammoniaque Cordenons.

même, le gaz ammoniac agit tour à tour sur les deux
faces des pistons, dont les tiges sont fixées directement
sans bielle ni excentrique à un coude de l'arbre moteur.

Lorsque le gaz ammoniac a travaillé dans les deux
cylindres, un second tube de caoutchouc le ramène au
condenseur qui est formé d'un simple récipient en fer

rempli d'eau froide. Le tube passe à travers ce vase, le gaz qu'il contient se liquéfie et on le recueille par un robinet.

Pendant la marche l'alimentation s'opère automatiquement, par le jeu d'une pompe foulante microscopique, chassant une certaine quantité de liquide dans la chaudière, liquide qui se vaporise dès son entrée et travaille dans les cylindres moteurs.

Cet appareil, d'une construction très simple, sans organes délicats, ne pesant presque rien, nous semble appelé à rendre de très grands services pour la production instantanée, sans embarras, de la force motrice. Peut-être ce système pourrait-il rivaliser avec la poudre, dans certains cas, tels qu'à la guerre, pour la lumière électrique.

M. Piétro Cordenons a appliqué ce moteur à la direction d'un aérostat allongé. Les résultats comme direction ont été nuls, mais comme force de la machine ils ont été concluants[1]. La substitution du gaz ammoniac à la vapeur d'eau est une idée ingénieuse qui tôt ou tard portera ses fruits.

Un inventeur, M. Tixier de Bordeaux, a proposé ces temps derniers l'emploi de l'ammoniaque, successivement séparé de l'eau et liquéfié, puis agissant dans une machine rotative et se combinant à l'eau pour produire de la chaleur. Cette idée de chauffer l'ammoniaque par une réaction chimique n'est pas neuve, seulement personne n'avait songé à employer la vapeur de l'ammoniaque ayant travaillé, à cette fin. C'est là le seul mérite de l'invention.

---

[1] *La Science Populaire*, Mars 1881, article de M. Bitard.

M. Tixier a construit cet appareil pour la fourniture immédiate de la force motrice, chose qui pourrait être très utile parfois, soit aux armées en campagne, soit aux agriculteurs. Aussi a-t-il l'intention de reprendre le cours de ses études et de présenter bientôt le véritable type de sa machine, munie de tous ses perfectionnements et dans quelques-unes de ses applications

VII. MOTEUR A POUDRE

Opinion de quelques savants. — Résumé.

On aurait besoin parfois d'avoir, comme nous disions dans le précédent chapitre, une force motrice se développant instantanément, sans exiger de combustible et sans que le mécanisme tienne de place. Pour faire face à cette éventualité on a proposé l'emploi de la poudre, dont les gaz se développent avec autant d'intensité que la vapeur d'eau. Jusqu'à présent nous ne connaissons qu'une seule application de cette force motrice. C'est pour le battage des pieux.

Ordinairement, pour cette opération les pieux sont enfoncés dans le lit de la rivière ou du fleuve par les coups répétés d'une sorte de marteau appelé *sonnette*. Dans le système à poudre, les pieux ne sont pas endommagés, comme avec la sonnette. On va savoir pourquoi.

Le jeu de cet appareil est simple à comprendre. Sur la tête du pieu on place la cartouche, de façon que le percuteur soit dans l'axe d'un marteau, placé au-dessus et accroché à une corde passant dans la gorge d'une poulie. Lorsque ce marteau tombe sur le percuteur, la cartouche éclate. Les gaz de la poudre, dilatés

19

par la chaleur repoussent le marteau et le recul produit
enfonce le pieu d'une certaine quantité. Le placement
de la seconde cartouche se fait automatiquement, de façon que, lorsque le marteau retombe, le même effet
se reproduise et ainsi de suite.

On le voit, l'emploi de la poudre comme force motrice est une idée fort ingénieuse ; mais elle n'a qu'un
défaut, celui de coûter beaucoup trop cher. La force produite de cette façon revient à un prix environ 90 fois
supérieur à celui de la vapeur d'eau. Mais, comme le
fait remarquer avec raison M. Laboulaye[1], dans certaines
circonstances, on se sert de la poudre, comme on se
sert du zinc dans les appareils électriques. Dans les deux
cas le prix de revient du travail est plus élevé, il est
vrai, mais on n'a pas à employer d'appareil moteur,
la production du travail est plus rapide.

Nous avons maintenant étudié tous les moteurs
connus, depuis l'antiquité jusqu'à nos jours : il ne nous
reste qu'à rapporter l'opinion de quelques savants sur
la théorie mécanique de la chaleur, à propos des machines dont la force première en dépend :

En 1825, M. Sadi-Carnot, oncle de celui qui a été
ministre des travaux publics, que nous avons déjà cité,
publia sa brochure *Réflexions sur la force motrice du
feu*, dans laquelle il établissait pour principe que la
substitution d'un corps à un autre dans les machines
à feu, ne pouvait conduire à aucun avantage *théorique*.
Plus tard la théorie mécanique de la chaleur fut rigoureusement établie par les calculs d'éminents physiciens

---

[1] *Dictionnaire des Arts et Manufactures,* par Ch Laboulaye.

notamment de MM. Hirn, Regnault, Mayer, Joule, Tomson et Renkine. Cette théorie conduit à une conclusion que bien des inventeurs devraient ne pas perdre de vue. En effet, dans quelque machine que ce soit, quel que soit le liquide employé, la *même quantité de chaleur développe le même travail*. C'est une loi inflexible.

Si dans quelques nouveaux moteurs on a obtenu des résultats économiques, cela tient surtout, non pas au corps employé, mais bien à la manière d'en faire emploi, d'après la plus ou moins bonne disposition des organes et en faisant rendre à la chaleur tout son effet mécanique. C'est pourquoi nous prédisons aux moteurs à acide carbonique, chauffés au gaz, un certain regain de vogue, car ils utilisent toute la chaleur, perdue ou incomplètement consommée dans les autres systèmes.

C'est en connaissance de cause que M. Ericcson a inventé sa machine à air chaud. Il n'avait pas la prétention de produire de grands effets avec peu de chaleur, mais bien de supprimer tous ces changements de vapeur en mouvement, et de chaleur en vapeur. Il voulait employer directement la chaleur ou le mouvement. La théorie était bonne, seulement la marche suivie étant fausse il n'est arrivé qu'à des résultats imparfaits.

Depuis l'invention de la machine à vapeur, la science des moteurs a fait peu de progrès, excepté pourtant dans les moteurs à gaz. La machine à vapeur est-elle le type idéal, celui qui doit survivre à tous les autres? Nous ne le croyons pas, d'autant plus que les calculs de savants éminents prouvent qu'elle est fort imparfaite. Bien des systèmes proposés pour la remplacer ont échoué. Pourtant parmi ces derniers, nous citerons le moteur électrique, bien des fois renié et rejeté comme stérile. Il n'en est, il est vrai, qu'à son enfance, aussi on aurait tort de se décourager. Est-ce lui qui remplacera un jour la vapeur? Nous l'ignorons et laissons à l'avenir le soin de nous l'apprendre, en rappelant le mot de Franklin sur les ballons : « Ce n'est qu'un enfant..., « mais il grandira! »

Nous avons parcouru en détail tous les genres de moteurs et leurs innombrables variétés, toutes les différentes forces motrices et leurs modes d'emploi. Nous allons les récapituler en quelques mots.

D'abord l'homme, sa force musculaire, les travaux qu'il accomplit seul ou en collaboration avec les machines.

Les animaux travaillant sous sa direction et diminuant la somme de ses peines.

Les forces naturelles mises à profit pour le mouvement de divers appareils et, en premier lieu, le vent, moteur des moulins et des bâtiments à voiles.

L'eau, actionnant les roues hydrauliques, les turbines, les moulins à marée, le bélier, le moteur Dufort.

L'air, échauffé, comme dans la machine Éricsson et ses dérivés, ou comprimé comme dans le moteur Taverdon.

La pression atmosphérique dans la machine de Papin et celle de Huyghens.

Le feu, dans les appareils à vapeur, les innombrables applications de ces appareils, leur construction, leur manœuvre, les différents types qui se subdivisent à leur tour en machines secondaires.

Les gaz, d'abord l'hydrogène bicarboné ayant fait

surgir les inventions de MM. Lenoir, Otto et Langen, Otto, Bisschop, Bénier, etc.

L'éther et le chloroforme caractérisés par les machines de du Tremblay, Tissot, Lafont.

L'acide carbonique, actionnant les moteurs de Brunel, de Ghilliano et Cristin, de Marquis.

Ensuite la puissance mystérieuse de l'électricité, force invisible agissant dans les spires des électro-aimants et provoquant des effets aussi surprenants qu'inattendus.

Enfin la force explosible de la poudre à canon produisant sans appareils des effets considérables.

D'après cette énumération successive, on peut se rendre compte des progrès accomplis par la science des moteurs, depuis les temps les plus reculés jusqu'à notre époque, féconde en inventions de tous genres. C'est une véritable histoire des conquêtes de l'esprit humain, dans l'une des branches les plus importantes de la science.

FIN

TABLE DES GRAVURES

FIN DE LA TABLE DES GRAVURES

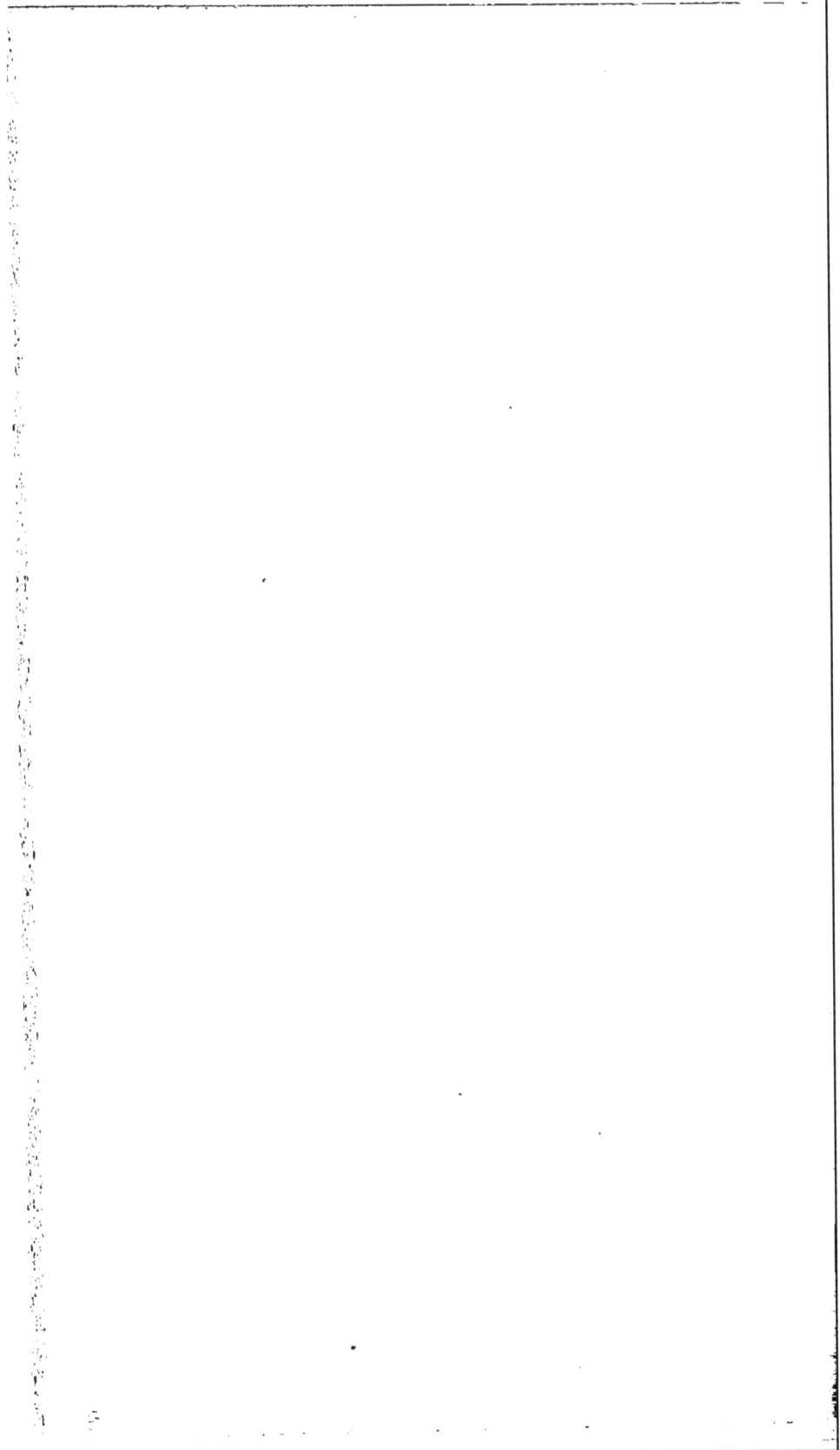

TABLE DES MATIÈRES

CHAPITRE IX

MOTEURS A GRANDE PUISSANCE

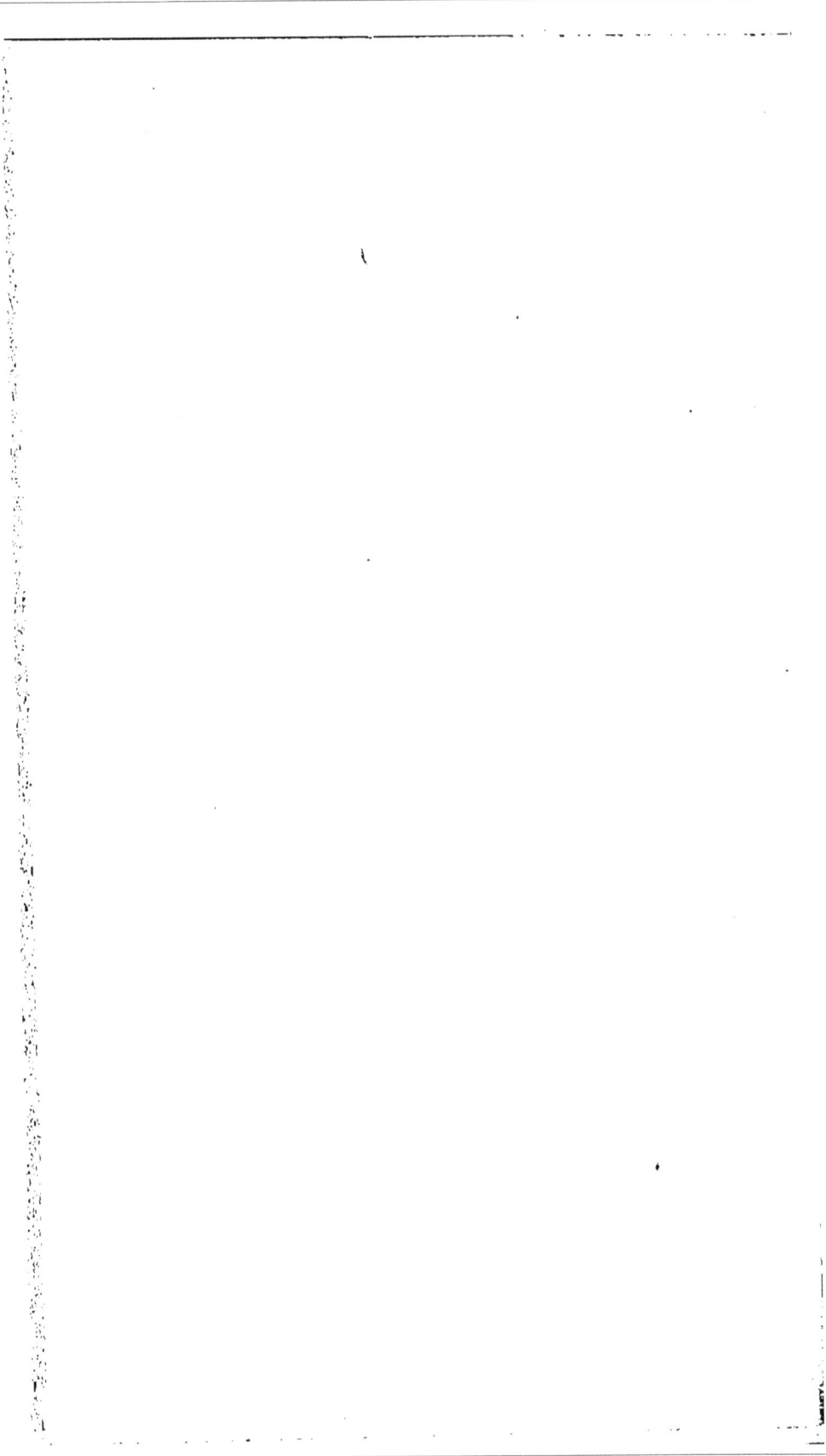

4032. — PARIS, IMPRIMERIE A. LAHURE

9, rue de Fleurus, 9